阅读成就思想······

Read to Achieve

U0386147

匠心

跟日本设计大师学设计思维

设计1

デザイン思考
のつくりかた

[日]日经设计 编著　袁光 译

中国人民大学出版社
· 北京 ·

图书在版编目（CIP）数据

匠心设计. 1，跟日本设计大师学设计思维 / 日本日经设计编；袁光译.
— 北京：中国人民大学出版社，2019.1

ISBN 978-7-300-26454-7

Ⅰ. ①匠… Ⅱ. ①日… ②袁… Ⅲ. ①设计—思维方法 Ⅳ. ① TB21

中国版本图书馆 CIP 数据核字（2018）第 270407 号

匠心设计1：跟日本设计大师学设计思维

[日] 日经设计　编著

袁　光　译

Jiangxin Sheji 1： Gen Riben Sheji Dashi Xue Sheji Siwei

出版发行	中国人民大学出版社		
社　址	北京中关村大街 31 号	**邮政编码**	100080
电　话	010-62511242（总编室）		010-62511770（质管部）
	010-82501766（邮购部）		010-62514148（门市部）
	010-62515195（发行公司）		010-62515275（盗版举报）
网　址	http：//www.crup.com.cn		
	http：//www.ttrnet.com（人大教研网）		
经　销	新华书店		
印　刷	北京瑞禾彩色印刷有限公司		
规　格	148mm×210mm　32 开本	**版　次**	2019 年 1 月第 1 版
印　张	8.5　插页 1	**印　次**	2019 年 11 月第 3 次印刷
字　数	200 000	**定　价**	75.00 元

前言

　　迄今为止，为设计师献计献策的日经设计月刊以设计思维为题，将诸多企业的创新实例汇编成册，向大家介绍了大量的优秀设计师的思考方法和开发新产品与新服务的案例。本书意在向大家介绍设计思维的创造方法和企业在新产品开发的过程中可能会遇到的困难与阻碍。例如，在开发趋势不明的新市场时，我们会向同事们征求意见，但同事们七嘴八舌的讨论很容易让新提案胎死腹中。

　　诚然，投资是有风险的，企业经营者在给新产品投资之前当然很想知道市场的前景。不过，既有市场是无法给新产品提供参考与启示的。因此，怎样在公司里推广设计思维成了所有企业都必须面对的问题。本书虽然精选了许多运用设计思维取得成功的案例，但目的并不是在向大家阐述设计思维的意义。如果你对设计思维的概念感兴趣，也可以阅读本书的姊妹篇《匠心设计 2：跟日本企业学设计经营》。

　　本书各章主要内容如下：第 1 章在简述设计思维的概念后，会用 Cleanup 厨具公司的案例帮助大家加深对它的理解。此外，来自以创新研究著称的东京大学创意学院与来自庆应义塾大学研究生院系统设计管理研究科的两位老师对设计思维的精彩点评也是本章的一大看点。在第 2 章中，我社记者以一问一答的形式采访了用设计思维指导实践并取得成功的企业家，归纳并总结了他们的成功经验。第 3 章向大家展示了我社记者对 10 位一线设计师所做的访谈实录。通过采访，我们可以了解到设计师们不同凡响的思考方法及思考要点。可以说，设计思维是从设计师们的思考方法中提炼出来的创作规律，而这些思考要点就是创作规律中的点滴结晶。第 4 章是对用设计思维来指导生产实践的经营者的专访。本章可以让大家了解到经营者们对设计思维的态度和应用方法，以及他们与设计师的交流技巧。第 5 章主要讲解企业经营者在推广设计思维过程中的自我定位。通过本章内容，经营者将了解应如何看待设计思维，把握好与设计师之间的关系，在推广设计思维的过程中起到积极作用。

　　对设计思维的学习不能满足于"点到为止"，还要思考怎样才能将之应用于企业经营，怎样用它来调整组织关系、调动员工们的工作积极性，以及怎样让设计师在项目中发挥主导作用等问题。希望大家在阅读本书后，也能将理论与实践相结合，取得更加辉煌的成绩。

日经设计编辑部

目　录

03　10 位设计大师的思考方法　/ 105

デザイン思考のつくりかた

01

设计思维的意义

　　如今，各大企业都试图用设计思维来推动创新，希望它能给企业的发展注入活力。2014 年，日本国内也出现了学习设计思维的热潮，有志于学的大型企业与中坚企业都相继开展了相关的学习与讨论。简而言之，催人奋进的设计思维是从众多设计师的智慧中萃取出来的思考方法。人们对设计思维的学习，其实就是对设计师思考方法的模仿。但是，模仿并不等于创新。设计师在处理问题时是有规律可循的，他们做提案的出发点是以人为本。第 8 页的流程图就是对设计思维的归纳与总结。

　　很多日本企业在搞新产品开发时也声称是在以"以人为本"的理念下进行作业的。而且，它们在对既有商品的使用效果做问卷调查时，也收集到了一些来自消费者的反馈意见。不过，浮于形式的调查是没有意义的。另外，针对既有商品所做的调查只能让企业收获小幅度的进步，不会有质的飞跃。有时候，消费者本人也很难意识到自己真正的需求，所以开发人员想要了解消费者的真正需求，就必须用心观察生活。可见，日本企业依然有可提高的创新潜力与可开发的市场空间。

　　设计思维在应用时有三个要点。首先，企业必须了解消费者的真实需求，必须脚踏实地地进行有效考察。除了问卷调查，采访也是探知消费者需求的好办法。需要注意的是，采访时不要问消费者"您有什么想法""您在使用中遇到过哪些问题"等生硬的问题。这样的问题缺乏启发性，而且消费者在适应某产品后也不会觉得有何不适之处。因此，做调查必须深入，开发团队应当亲自观察消费者使用某产品的全过程，并询问他们在使用过程中做出某种动作或行为的原因。之后，开发团队应当围绕在采访中发现的问题与同事们进行探讨，在综合大家意见的基础上敲定课题。讨论与总结是设计思维各环节中必不可少的要点。

课题确定后就可以寻找解决课题的方法了。这个过程也叫"再创造"。解决方法多多益善，可以按照可实现度和技术难度等类别将解决方案进行分类。

接下来要根据方案制作原型，再通过反复检验使用效果对原型进行改进。制作原型的意义在于把方案以可视化的形式表现出来。制作过程非常简单，可以画在纸上，也可以用橡皮筋、胶带、一次性筷子、纸笔、绳子等办公室用品来制作原型，总之只要能把构想变成现实就可以了。原型做好之后，应当请消费者对其做出评价，并根据他们的意见再次改进原型。如果原型不能够打动消费者，则说明课题的设定有问题。这时就必须重新拟定课题，探讨新的解决方案。设计思维不是单向流程图，而是一个通过反复改进、让产品日臻完善的过程。因为它的起始点是消费者需求，所以后期改进也要围绕着消费者的需求进行作业。只有能够满足消费者需求的产品才是好产品。

应用设计思维的时机

设计思维并不是新事物。有的企业早在十多年前就已经用它来指导生产实践了。而日本的企业是从 2014 年起才开始关注它的。当时，旧方法和既有市场已经无法让日本企业的经营者看到希望了，所以它们才寄希望于设计思维，希望用它为企业注入活力。设计思维是优秀设计师的思考方法的结晶。不同于逻辑思考法且带有随机应变等特性的设计思维更适合用来搞开发。

美国斯坦福大学设计学院是设计思维的摇篮。在那里执教的研究员托马斯·波什（Thomas Posch）说："以前，一些美国人也曾对设计思维表示过怀疑。但现在我们要思考的问题并不是设计思维好不好用，而是应该什么时候用。美国很多企业的经营者都在思考这个问题。"

如今，越来越多的日本企业把客户和消费者请到了设计思维的实验室，在探知对方需求的基础上与之共同研发新产品。正是这种 B2B 的模式让设计思维在企业里生根发芽，结出了累累果实。

项目进展不顺利的原因

设计思维的理念虽好，但执行起来却并不容易。某些企业即使设计出了新方案，也会因为生产部门的反对而无法落实。创新意味着成本的增加，成本增加会给企业的发展造成负担。最终，大家会为了节约成本选择委曲求全，生产出使用效果欠佳的产品来。

某大型流通公司也想用设计思维来开发人无我有的新业务。但在开发之前，它们就被"市场前景"等问题吓得止步不前。其实，新业务如果能够满足消费者需求，经营者就应该对市场前景充满信心。

进退维谷怎么办

越来越多的企业选择用设计思维来指导工作。IBM 日本分公司于 2015

年 10 月在公司里开设了一间与客户共同探讨问题的工作室。它们邀请了众多设计师参与讨论，希望运用设计思维找到新的"设计转型"的解决方法。

尽管如此，失败的案例依然比比皆是。因为旧的评价标准是无法对新方法做出公允的评判的。如果工作方法和评价标准不同步，则改革一定会以失败而告终。

目前，很多企业都在用下列两种方法推行设计思维：一种方法是由基层员工发起的由下至上的"革命"式推广法；另一种方法是由高层领导发起的由上至下的"改革"式推广法。然而，这两种方法在后期执行时都会遇到一个相同的问题，即如何让大家保持工作的积极性，把改革进行到底。

方法一可能会让员工们因疲劳而放弃理想。因此，公司领导必须及时鼓励员工，对项目进行评价，指出项目对于企业的意义。

方法二在执行时如果得不到员工们的响应，则经营者的意愿就难以达成。若经营者强迫大家执行命令，只会适得其反。因此，经营者要想达成目标，就必须首先提高员工们的素质与能力。在具体操作上，经营者不可以犯教条主义错误，应该结合公司的现状拿出相应对策。具体问题具体分析是本方法的执行要点。

设计思维的定义

迅速完成"了解""构思""制作原型"等步骤，进入下一阶段

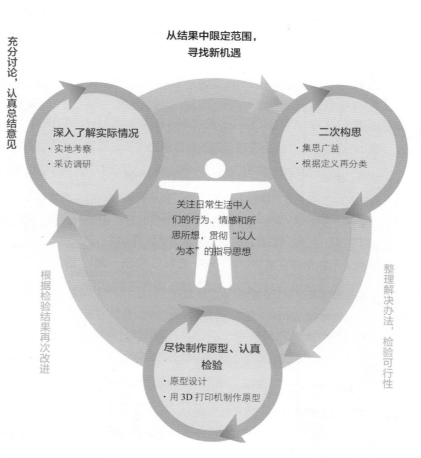

从结果中限定范围，
寻找新机遇

充分讨论，认真总结意见

深入了解实际情况
· 实地考察
· 采访调研

二次构思
· 集思广益
· 根据定义再分类

关注日常生活中人们的行为、情感和所思所想，贯彻"以人为本"的指导思想

根据检验结果再次改进

整理解决办法，检验可行性

尽快制作原型、认真检验
· 原型设计
· 用 3D 打印机制作原型

● 推行设计思维时的主要问题

阻碍项目开展的主要问题

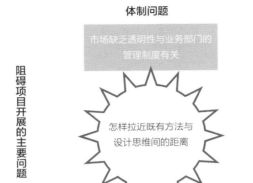

体制问题

市场缺乏透明性与业务部门的管理制度有关

怎样拉近既有方法与设计思维间的距离

过度依赖老办法

对新的开发方法存有抵触情绪

危机意识匮乏

认为可以在既有市场的延长线上求生存

体制改革的主要问题

经营者发起的改革

经营者一厢情愿式的改革得不到员工们的理解与支持

怎样提高员工们对设计思维的认识和工作积极性

由下至上式的改革

员工们会渐渐失去兴趣，因为疲劳而放弃理想

寻求外援式的改革

怎样才能找到优秀的设计师指导改革

Cleanup 公司备受家庭主妇喜爱的"洗碗池"设计

攻关创新，打造新产品

2015 年 7 月，Cleanup 公司运用设计思维开发出了一款名为"家庭主妇洗碗池"的厨具。在开发过程中，开发团队的成员们不仅结合主妇们的意见认真地做了实地考察，还用实际行动证实了新式洗碗池的可实现性。经过多方人员的共同努力，大家终于开发出了一款人气产品，并凭借此项发明多次获得 Award 大奖。家庭主妇洗碗池是早在 1983 年就已问世的品牌。时至今日，Cleanup 的员工们又对这款拥有广阔消费市场的洗碗池进行了构造上的改良，从而为公司开辟出更为可观的消费市场。

过去，主妇们在刷碗洗菜时，总会在洗碗池中看到难以冲刷干净的污垢残留。这时，如果拧开水龙头大力冲洗的话，水槽里的污垢就会被溅得到处都是，有些脏东西还会被水冲到难以清洗的死角。清洗洗碗池消耗了主妇们大量的时间与精力。为此，开发团队改进了洗碗池的构造，减轻了主妇们的负担。

一般的水槽为了方便排水都会选择利于水向下流的结构设计，即让水槽底部向下倾斜，与排水口相接。但如果二者衔接有问题的话，从水龙头里流出来的水就会四散开来，把水槽里的污垢冲得到处都是。为此，开发团队把洗碗池的底槽设置在了与排水口相对的位置，使其向洗碗人的方向倾斜。这种设计会使水流方向与底槽的倾斜方向相一致，从而减轻主妇们清洗洗碗池的负担。此外，开发团队还给洗碗池增加了一道排水沟，并把排水口从洗碗池的中心位置移到了左前方。被改造成三角形的排水口与水槽为无缝式一体化设计。这种设计能让自来水把水槽内的垃圾平稳地冲入沟槽，从而节省了主妇们清理垃圾的时间。由于这款洗碗池既便于清洗，又节约用水，所以该产品在发售后就获得了消费者的广泛好评。虽然新洗碗池的价格较改良前有所上涨，但其 2015 年下半年的销量却比上一年同期增长了 10%~20%。可见，消费者是非常喜欢这款新产品的。

左图 / 一般洗碗池的槽底是从外向内倾斜的，这种设计会让槽内的垃圾被水冲得到处都是，清理起来非常麻烦

右图 / 开发团队把洗碗池的底槽设置在了与排水口相对的位置，使其向洗碗人的方向倾斜。这种设计会使水流方向与底槽的倾斜方向相一致，从而减轻主妇们清洗洗碗池的负担。为了让垃圾顺畅地流入垃圾槽，开发团队还改造了排水口的形状

垃圾可以被水自动冲进洗碗池的垃圾槽，节省了主妇们清理水槽的时间

项目组开发一部的设计科科长小堀淳司（右）与同部门设计科主任间边慎一郎（拍摄于东京新宿 Cleanup 公司的展览厅 "Cleanup 厨具城"）

（摄影：九毛透）

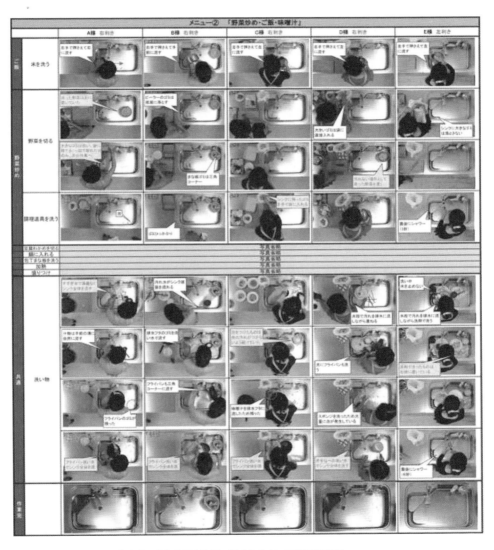

厨具使用实拍。开发团队将这些照片作为研究资料，以此为参考，寻找开发课题

　　新产品的诞生来之不易。开发时，大家不仅对消费者需求和市场前景有所担心，还对水槽设计的难度系数充满了疑虑。而且，开发团队在用模拟系统制作水槽原型时，得出的结果也是"NO"；原材料供应商也觉得这样的方案不可行。那么开发团队是如何在大家的一片反对声中克服困难并取得成功的呢？

垃圾被水冲走的瞬间给人的感觉太赞了

　　2013 年春，设计企划部的 10 名员工启动了新产品开发项目。Cleanup 是日本首家利用独特的不锈钢技术打造系统厨具的厨具开发公司。不过，近年来它们在新产品开发上并没有取得显著的进步。本项目的主要负责人开发一部的小堀淳司设计科长说："正因为如此，我们才渴望开发出一款史无前例的新产品。"

　　在开发初期，开发团队先请其他部门的同事们协助用相机拍下了自家厨房的使用实态。面对收集上来的 400 张照片，大家都觉得水槽里堆有垃圾是件很正常的事，因为排水口直通下水道，所以藏污纳垢并不稀奇。但后期有主妇参加的研习会却改变了开发团队的最初看法。当主妇们被问及会怎样处理水槽内的污垢时，他们都回答说："洗碗池脏兮兮的，看上去好恶心。""我最讨厌清理洗碗池。"在清洗洗碗池时，有的主妇用花洒式水龙头冲洗，有的主妇会戴上胶皮手套清理。这些回答让开发团队重新聚焦洗碗池的垃圾处理问题。经过讨论，大家都觉得最好能让自来水把洗碗池里的垃圾自动冲进垃圾槽。可是，在接下来的研讨会上，很多与会者都认为这样的设计也许不会有销路。毕竟公司的主打商品不是洗碗池，而且开发新产品就要投入很多资金，所以很多人都对新产品开发持保守态度。

为了打消众人的疑虑，开发团队多次试制原型，收集到了更多的有力证据。开发一部的设计科主任间边慎一郎先生说："我们的目的是设计出能够通过控制水流大小，让自来水把垃圾自动冲进垃圾槽的洗碗池。在找到理论支持后，我们改变了底槽的倾斜角度，增设了排水沟，重塑了垃圾槽的形状。最终，我们确定了让自来水从靠近使用者的位置流出，把排水口设置在水槽左角的设计方案，推出了这款新产品。"开发团队在试制阶段虽然用树胶做出了原型，但却依然没能得到同事们的认可。有人批评说："水把垃圾冲到了使用者面前，会让人感到恶心。"但主妇们却对新产品做出了善意的评价："眼见垃圾被冲进垃圾槽，这种烦恼一扫而净的感觉真是太好了！"而且，她们也并不觉得垃圾被冲到面前有什么可恶心的，因为，只要最终效果好就可以了。主妇们的认可与肯定击退了公司内部的反对意见。2013 年11 月，公司将开发正式提上了日程。

潜心研发结构复杂的模具

2014 年 1 月，公司决定批量生产这款洗碗池。但当开发团队把图纸拿去福岛县 IWAKI 市 Cleanup 汤本工厂加工时，大家才切实地认识到了制作的难度。原型毕竟不是成品，在正式生产时必须重新设定品质标准。而且，想用不锈钢制作出把排水沟、带有角度的底槽、排水口合为一体的洗碗池也是非常困难的。因为水槽的边角在制作时非常容易出现破损。即使用计算机进行立体模拟实验，加工厂的负责人也觉得方案不可行。

小堀淳司说："我们并没有被困难吓倒，都想制作出一个不同寻常的洗碗池出来。我能感受到同事们不达目的决不罢休的决心和勇气。"为了把不可能变为可能，开发团队的成员们长期辗转于东京总部和汤本工厂之间。大家在比照模具、观察水流的基础上，不厌其烦地改进着原型，并把修改意见及时地报告给加工厂。例如，增加排水沟的宽度虽然便于制作水槽，但却会影响水流速度，降低自来水冲运垃圾的效果。哪里能改，哪里不能改，开发团队为了设计出最理想的洗碗池，足足进行了一整年的验证与改进。

生产总部汤本工厂第一制造科科长新妻澄寿先生说："我们在模拟实验和实际生产中虽然遇到了重重困难，但因为我们是负责生产加工的部门，所以必须迎难而上，努力攻关。"在生产现场，成功与失败总是交替出现在人们眼前。大家除了要反复做耐久和使用寿命实验，也必须考虑季节变化对制品的影响。冲压加工等各项工序也是在反复检验与改进的基础上完成的。可以说，检验与改进贯穿着生产的全过程。生产总部汤本工厂厂长坂本雅田先生说："为了满足消费者需求，我们必须集思广益，找到解决方法。我们的职责就是把能够满足市场需求的产品生产出来。"后期，为了让销售部门的同事们理解新产品的特性，开发团队还制作出了相关视频材料供大家学习。该视频向销售部的同事们介绍了怎样冲水才能让洗碗池发挥出最佳效果，并指出了应当向消费者着重介绍产品的哪些部分。毕竟，只有销售部才是直接接触消费者的部门，如果他们的介绍不得要领，那么顾客就难以发现新产品的亮点。为了让销售员们能更加准确地把握新产品特点，开发团队还特意用真正的洗碗池给他们做了细致的讲解。开发总部执行委员松尾昭则先生说：
"洗碗池的开发颠覆了由来已久的业界常识，大家都在开发过程中学到了很
多新知识。过去，我们开发出了日本国内首例系统厨具。今后，我们也要做
行业中第一个敢于吃螃蟹的人。"

　　开发团队的成员虽然以设计企划部门的员工为主，但实际上生产部门和
销售部门的员工们也都积极为新产品的开发献计献策，为新洗碗池的诞生立
下了汗马功劳。团结与合作是 Cleanup 公司取得成功的根本原因。

左图／最终定型的水槽设计。开发团队调整了排水沟的宽度和深度，以确保垃圾能够被顺畅地冲进垃圾槽，而且水槽内的可用空间也增大了。为了让清洁效果变得更好，开发团队还把排水口改造成了三角形

右图／未被采用的水槽设计。排水沟加宽会影响水流的冲刷力，影响冲运垃圾的效果，减少水槽内的可用空间

在福岛县 IWAKI 市 Cleanup 汤本工厂生产现场，为能够批量生产洗碗池，开发团队反复修改着产品原型

左图为批量生产洗碗池的汤本工厂厂长坂本雅由先生（左）和第一制造科科长新妻澄寿先生
右图为开发总部执行委员松尾昭则先生。他声称："今后，我们也要做行业中敢于第一个吃螃蟹的人。"

家庭主妇洗碗池
厨房好帮手

POINT 销售员一边向顾客介绍容易堆积垃圾的死角，一边展示操作方法

请看散落在这里的垃圾的流动方向

这是开发团队用视频向销售员做讲解的流程。各环节的要点都被简明扼要地展现了出来

横田幸信：东京大学创意学院设计师。他的主要工作是向研究生讲解改革实践的相关知识。此外，他还是改革咨询公司创新实验室的执行董事长

富田欣和：庆应义塾大学研究生院系统设计、管理研究科特聘讲师。他在多项与咨询、改革有关的项目中负责业务支持和人才培养等工作。是创新设计有限责任公司的代表

人物专访：用设计思维开创未来

日经设计记者（下文简称 ND）：现在，很多企业都在关注设计思维，希望能用它指导生产实践。但实际上，设计思维的推广并不顺利。如果得不到大家的认可，再好的方法也只能被束之高阁。如果让基层员工和志愿者小组去搞开发的话，很可能会给他们的工作带来很沉重的负担。在推行新事物时遇到的困难也被称为改革的瓶颈。为了帮助大家突破瓶颈，我们特地请来了东京大学创意学院的横田老师与庆应义塾大学研究生院系统设计管理研究科的富田老师，希望本次采访能给大家带来新的启示。

迄今为止，我社已经发表了很多篇关于设计思维的文章，也召开过相关学会和研习会。与会者都认为 2016 年是设计思维在日企推广的第二阶段，第一阶段是 2014 年。当时，很多先进的企业开始了对设计思维的学习，但更多的企业则持观望态度。毕竟，谁也不知道设计思维对企业改革究竟能起到多大的作用。现在，很多企业都接受了设计思维，希望用它指导实践，创出业绩。也就是说，我们现在应该讨论的问题是怎样将设计思维与实践相结合。从 2014 年的观望到 2016 年的应用，这说明人们接受新事物是需要时间的。

横田：设计思维也可以理解成人种学研究方法和设计调查。不过，如今它已经成了包含这两层意思的独立概念。设计思维能够自立门派其实是事物发展的必然趋势。不过，似乎也不是所有人都把这种思考方法称作设计思维。我们学院的人就很少提及这个概念。对企业而言，设计思维是一种涵盖了业务流程设计和方法论在内的思考方法，其意义是为企业提供新企划案。

富田：我们在召开讲座或与企业合作时也不会把这套思考方法称作设计思维。我们没有给设计思维做出明确的定义，毕竟它不是个三两句话就能讲清楚的问题。大家也不必刻板地拘泥于理论研究，因为设计思维是一种解决问题的新思考法，其价值在于指导实践。

ND：对大众而言，"设计思维"已经成了一个约定俗成的说法。而且，大家都认为设计思维会给企业注入新的活力。因此，即便没有准确的定义，我们也可以把它视为能够解决问题的新方法。

富田：其实，企业关注的并不是设计思维，而是设计思维能够带来的价值。为了解决在工作与生活中遇到的问题，大家都希望用新方法达到求生存、促发展的目的。所以我们要讨论的不是某种具体的方法和服务，而是要思考该如何开发潜力，把不可能变为可能。为了发掘出新价值，我们可以尝试使用包括设计思维在内的各种方法。

横田：我想谈一下我的个人感受。上学时，我是主攻数理化的理科生，我喜欢逻辑性较强的东西。可自从我来到创意学院后，我发现我变了，变得没有那么"理性"了。这可能和我接触了设计思维有关。设计思维让我厌倦了那种非要得出正解不可的逻辑思考法。因为逻辑思考意味着结论的唯一性，不管你使用什么公式或定理，最终都只能得出一个结论。我觉得这种思考法真是太没效率了。而设计思维的优点则是能让我们拓展思路，同时思考许多问题。相比之下，设计思维的效率更高。当然，理性的逻辑思考本身也并没有问题。

富田：逻辑思维对商务人士而言，就像古代秀才们必会的君子六艺一样。不过，除了探讨事物的合理性，我们还应该关注更多的东西。我的专业是系统设计，这个专业对逻辑思维是有要求的。我认为，逻辑思维欠佳的人即使学习了设计思维也很难将其付诸实践。逻辑思维是很重要的，它是学习设计思维的基础。

认清形势再出发

ND：我们在采访中发现，迄今为止人们对设计思维的态度依然褒贬不一，请问这是为什么？

富田：我去美国斯坦福大学设计学院访学时，曾和那里的老师探讨过设计思维的相关问题。这位老师虚怀若谷地说不敢在日本人面前班门弄斧品评设计思维。他在课堂上经常会给学生们看 20 世纪 70 年代日本汽车生产商开发产品时的照片，并以此为例对设计思维的本质侃侃而谈。照片上是人们开会讨论的场景。集体讨论是方案多元化的保证，对企业打造新产品大有裨益。他指出，交流和讨论是设计思维的主要环节。我对他的看法深以为然。

ND：看来日本的企业并没有把好方法传承下来。

富田：对，日本企业忘本了。老一代的日本人也许还在用这种方法工作，但现在的年轻人都不考虑它了。这可能跟我们在 20 世纪 80 年代导入的欧美企业管理法有关。见贤思齐如果没有原则，就会变成邯郸学步。

ND：所以很多企业都开始反躬自省，又都重新来研究这套方法了。

横田：与我有过合作的企业研发部门在新产品开发时都会用设计思维来指导工作。为研发工作提供新方法也正是设计思维的价值所在。总之，人们都希望设计思维能给自己的生活和工作带来巨大的改变，能够设计出更多更好的新方案。其实，改革也是要讲方法的，不能为达目的不择手段，不能胡子眉毛一把抓。可人们总是急于求成，总觉得提出具体的改革方案比改革企业的体制和组织更重要。

ND：是不是因为大换血式的改革对企业来说很困难，所以大家才希望在个案上求创新呢？

富田：按理说穿新鞋就得走新路。但大刀阔斧的改革在现实中也确实很难做到。所以我也赞同横田老师的观点，可以先牛刀小试地做些小成绩出来。只要大家看到了希望，接下来的改革就水到渠成了。

ND：评价新方法就应该有相应的新的评价标准。那么，设计思维的评价标准又是什么呢？

富田：首先，不要用业绩或数字来评价方案。例如，当被领导问及"你的方案能否为公司做出业绩"时，你不要告诉领导业绩提升的百分比，要用合乎逻辑的推理法向他描绘未来的发展前景。例如，A 通过这种处理方法会发展成 B，B 经过调整还能变成 C，最终应该可以得出 D 这样的结果。如果你只跟领导讲具体的业绩预测数据，那么领导可能就只会去在乎最终的结果了。但如果你能把方案合情合理地解释出来，就不必用数据去证明方案的优劣了。而且，领导在理解你的意图之后，也会支持你的创新改革。数据是最终的结果，不要让它太早登场。

横田：没错，列数据是后话。我们在做项目时首先要预测出它的发展前景，这时，寻找数据支持是必要的，没有数据就难以对预测做出评判。此外，在预测和既有市场无关的其他市场时，我们也会用数据去推测大致的结果。

逆水行舟，不进则退

ND：今后，设计思维会有怎样的发展？

横田：设计思维也是在不断地发展变化着的。最初，我以为它的作用仅限于帮助人们开发出新市场，可如今它已经完美地超出了我的预想，有效地推动了改革的发展。最近，人工智能技术和全自动技术已经走进了我们的生活，怎样利用这些技术创造出更好的生活也是改革的一大课题。也许，我们在不久的将来就会迎来技术改革的浪潮。这次浪潮不仅仅是技术革命，还是一次以满足市场需求为目的的技术开发。正因为如此，各家企业的研发部门才积极地导入了设计思维，希望能够顺应时代的发展，在改革大潮中脱颖而出。

ND：以技术导向为基础的人本主义式开发是设计思维和其他方法的根本区别吗？

横田：是的。目前，设计思维已经让技术人员了解到了消费者的心声。技术人员可以把从市场调查中获得的新发现带回技术现场。不过，技术和市场也是在不断地变化的。一旦技术出现了质的飞跃，那么新市场在哪里，新的用户会是谁，则又成了一个未知数。拿无人驾驶汽车来说，汽车生产商如果用设计思维来改良技术，就必须先去征求司机或车主们的意见。不过，若无人驾驶汽车问世，那么消费者对汽车的需求也会发生相应的变化。那时候再去采访一般用户的话，也许就很难得到有效信息了。但可以肯定的是，我们必将会进入无人驾驶汽车的时代。再如，物联网（IOT）技术也会让时代产生巨大的变化。面对这样的变化，普通用户是无法提出有建设性的意见的。所以，我们必须要做出一套新的业务流程设计，以便推测人们对未来的需求。

ND：如果消费者给不出意见，那么市场调查又该怎样进行呢？

横田：没有消费者的反馈，企业确实很难把握市场需求。毕竟，谁都没有使用过无人驾驶汽车，不知道它的优缺点是什么。所以，设计思维越是被认可，我们就越要找到新的方法论来指导实践。

ND：如果是开发无人驾驶汽车的话，我们应该去采访什么样的消费者群体呢？

横田：我可能会去采访爱喝星巴克咖啡的人。在我看来，无人驾驶汽车不仅仅是一个交通工具，它还是个能让人们充分享受生活的私人空间。因此，坐在无人驾驶汽车里的感觉肯定和坐在咖啡馆里的感觉差不多。一杯咖啡能消磨多少时间，一台无人驾驶汽车能把我们送往何方。这才是我们应该思考的问题。但现在的汽车是无法带给我们这样的体验的，而且我也没有见过谁会坐在出租车里打发时间。

ND：富田老师，您是怎样看待设计思维在未来的发展与变化的？

富田：如今，很多亚洲企业都对设计思维寄予厚望。在这样的大环境下，我们如果仅对设计思维有所理解还远远不够。亚洲其他国家及欧美国家的有识之士都认为，设计思维将会为改革做出不可估量的贡献。刀不磨要生锈，人不学要落后。我们必须加倍努力才能在竞争中保持优势。除此之外，日本的企业还应该在商务、技术、设计等方面给自己补补课。其实，日本也有很多创新型人才，经营者应该给这些千里马提供可供他们施展才华的空间。

ND：说得非常好。感谢二位老师在百忙之中接受我们的采访。

デザイン思考のつくりかた

02

屡试不爽的实践法

虽说用设计思维指导改革的企业越来越多，但触礁失败的企业也不乏其例。

创新失败是因为人们依然在用老套的经营模式来评价新的方法。有的企业虽然很想用设计思维来开发市场，但由于他们不肯放弃旧标准，才导致了最终的失败。

现在，很多企业都在为打破这种尴尬的局面而努力。本章以问答的形式向大家介绍了在推行设计思维的过程中可能会遇到的问题及解决方法。通过对大量实例的讲解，你一定会有所收获。

由采访可知，设计思维的推行可分为以下两种途径。

一是由基层员工发起的由下至上的"革命"式推广法。本章的"PART 1：来自基层的战书"部分为你介绍了佳能、索尼、LIXIL、KDDI、狮王、积水房等公司的推广案例。

二是由高层领导发起的由上至下的"改革"式推广法。本章的"PART 2：由上至下的改革"部分为你介绍了 Family、熊本市鹤屋百货店、生产妇幼用品的东京 FOOTMARK、横滨市的 LP 瓦斯公司、canaeru 等公司的推广案例。这些公司的经营者为了激发员工的工作热情与创造力，都积极地与外界设计师交换意见，并学以致用地找到了能够让设计思维在公司里推广开来的有效方法。

相信本章的内容一定会给大家带来借鉴与启示。

此外，我社记者还采访了专业设计师对企业发展、设计师职责以及设计思维的实践方法等问题的看法。

■ PART I：来自基层的战书

佳能公司是如何激发设计师的创作热情的

设计是要求设计师充分发挥想象力的工作。设计师会因为看到自己的理想变成现实而感到欣慰。佳能公司综合设计中心的设计师们在了解公司各部门的技术特长和市场现状的基础上，放眼未来，积极地探寻着能够满足市场需求的新课题。设计方案一旦得到认可，他们就会马上创建开发团队，进入试制阶段。之后，他们会把试制原型带去各种会场，以便了解其他人对原型的看法和意见。具有影响力的展会还能激发起设计师的创作热情，促使他们设计出更多的好方案。

VCS（Version Control System）是一款集投影仪、照相机、运动传感器等仪器的功能于一身的办公新产品。这款尚未发售却完成度极高的产品可以提高我们的工作效率，改善我们的工作环境。

　　例如，它可以用来计算发票费用。只要把发票对准 VCS 的摄像头，照相机就会读取票据上的金额，计算出最终结果。它还可以和读卡器一起使用，计算公交卡里的消费额度。统计出来的数据可以通过投影仪投射在桌面上，如果结果无误，那就可以敲击桌面进行确认。运动传感器在接收到确认指令后，会进行相应操作。VCS 的优点是能够让人们摆脱鼠标与键盘的束缚，随时随地开展工作。

　　此外，它还可以为互动教育及商场的售后中心提供技术支持。这款集光学技术、图像处理技术、系统技术为一体的新产品开辟了一个全新的领域。其相机功能可以把纸质材料及票据上的数据转化为数码形式，实现图像数码一体化作业。而且，投影仪和运动传感器的完美结合也带给了人们全新的办公体验。

在展会上交换意见

　　综合设计中心是一个致力于新产品开发和产品升级的部门。该部门的工作人员不仅要按照工作计划完成日常工作，还肩负着开发新产品的重任。可以说，该部门其实就是佳能公司的设计思维特工队。

　　综合设计中心的设计师们熟知其他部门的技术特长。他们经常思考某些技术在结合之后可能会出现的结果。在新产品研发时，他们会首先制定提案。若计划可行，他们就会建立起若干开发团队。每个团队都必须在 1~2 年内提交试制原型。VCS 就是"把图像技术与数码技术相结合"这一提案的产物。

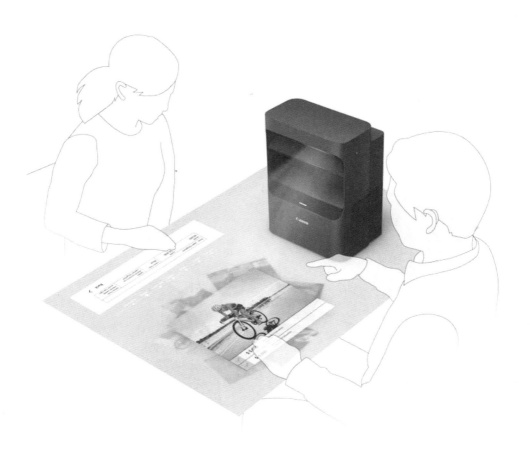

上图为佳能公司综合设计中心研发出来的
VCS。该部门成立了多个开发团队，为公
司的其他业务部门提供设计支持。部长犬
饲义典先生说："我们让年轻人做开发团
队的队长，希望他们能在工作中学会组织
项目顺利开展的方法与技巧。"

VCS 机与设计草图

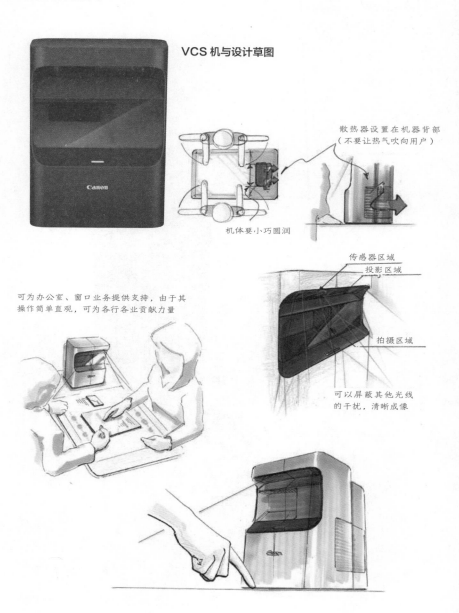

散热器设置在机器背部
（不要让热气吹向用户）

机体要小巧圆润

可为办公室、窗口业务提供支持，由于其
操作简单直观，可为各行各业贡献力量

传感器区域
投影区域
拍摄区域

可以屏蔽其他光线
的干扰，清晰成像

设计师们之所以如此努力地工作，是因为他们希望能够在展会上发布自己的研究成果、向人们展示试制原型，并通过与外界交流获得评价与反馈。

为了促进公司产品的更新换代，设计师必须向各个部门提交新提案，并频繁地与各部长交换意见。例如，喷墨打印机里的滚轮、通电后按键就会发光的"智能触屏系统"。这一切都是设计师们智慧与汗水的结晶。

正因为设计师们取得了如此显著的成绩，所以其他部门都希望它们能在项目开发初期就参与进来。2013 年 4 月发售的"PowerShot N"（现在已出售第二代产品），就是设计师在开发初期参与制作的产品。它也是一般业务部门与综合设计中心合作的成果。

为了方便设计师与大家交流，佳能公司还为设计师开办了一个专供他们向同事们介绍最新研发成果的内部展会。每年一度的展会展出 20 余件作品。会上，所有员工都可以与设计师交流互动，发表自己对作品的看法。

此外，佳能公司每五年就会召开一次大型佳能作品展——"Canon EXPO"。在这个展会上，公司会邀请记者和业务伙伴前来观展，向他们介绍公司的最新产品。VCS 在公司内部展出后，也参加了佳能 EXPO 全球博览会。展会既能激发设计师们的想象力，又能坚定经营者推行设计思维的信念，利于推陈出新的企业环境的形成。

● 打造能够让设计师大显身手的舞台

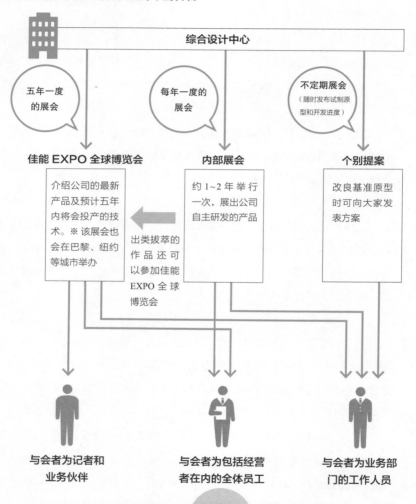

佳能公司通过为设计师提供展现才华的舞台，激发他们的创作热情

上图为综合设计中心研发的产品。左图为滚轮式双面设计喷墨打印机"PIXUS MP600"（2006 年发售）。右图为智能触屏系统设备"PIXUS MG6130"（2010 年发售）。综合设计中心部长今井信之说："设计师会把完成度较高的试制原型提交给业务部门，业务部门的反馈意见对下一阶段的设计有着至关重要的意义。"

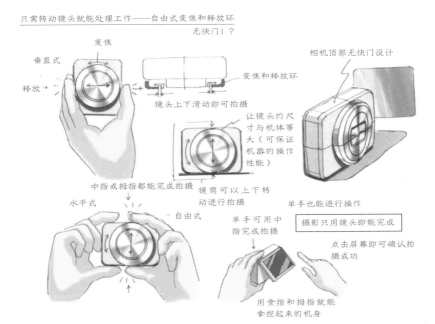

上图为 PowerShot N（2013 年 4 月发售）的设计草图。它也是一般业务部门与综合设计中心合作的成果。今后，这样的成功案例将会越来越多

■ PART I：来自基层的战书

索尼公司是如何构建有助于产品销售的经营体制的

设计思维能把方案变成产品。不过，有了产品并不等于大功告成。销路的好坏才是企业最为关注的问题。如果不能实现商品化，再好的方案也没有任何意义。为此，索尼公司改革了公司体制，为开发新产品专门创建了独立的研发团队——TS 业务准备室。

索尼公司于 2014 年推出了"Life Space UX"投影系列产品。它以新理念结合光线与视听技术为用户带来了全新的感官体验。秉承 Life Space UX 理念设计而成的产品完美地融于家居环境，以独特的技术改变了人们的生活空间。2016 年 2 月，索尼公司又推出了自主研发的同系列产品"晶雅音管的迷你版 LSPX-S1"。该产品的上半部为带有 LED 灯的空心有机玻璃管，下半部设有音乐播放器，是一款改变人们传统视听方式的高科技产品。

负责 Life Space UX 项目的是索尼公司的 TS 业务准备室。这个由总经理平井一夫直接领导的部门成立于 2013 年。2014 年 1 月，4K 分辨率超短焦投影仪和 Life Space UX 系列产品都参加了在美国拉斯维加斯召开的国际消费类电子产品展览会（International Consumer Electronics Show，CES），并获得了与会者的一致好评。

加上便携式超短焦投影仪和 LED 灯泡扬声器 LSPX-100E26J，Life Space UX 投影系列共推出了四款产品。TS 业务准备室室长齐藤博先生说："大家都觉得该系列的商品化速度真是太快了。"

偏向虎山行

良好的业绩源于健全的体制。由于 TS 业务准备室受总经理直接领导，所以成员们都具有超强的进取心。该部门主任齐藤说："总经理让我们放下思想包袱，轻装上阵，一切风险都由他一人承担。我们都被他的这份责任感所感动。"

搞改革不能急于求成。由于索尼公司关注的是商品化进程，所以它们并不用销量来评价方案的好坏。可以说，是新的运作体制让 TS 业务准备室为公司的发展贡献了巨大的力量。

由于 TS 业务准备室是个不同于一般业务部门的"特工队"，所以它能够自由地探索更为广阔的领域。Life Space UX 投影系列产品的多样性正是准备室特点的体现。相比之下，其他的业务部门受"术业有专攻"所限，没有经费和精力去开发与本部门技术特长无关的产品。可以说，TS 业务准备室和一般业务部门各行其道，是相互促进的关系。

齐藤主任说："一般来说，新产品开发必须征得多数人的同意。但实际上，人越多，意见就越不好集中。我们是个小部门，人员相对较少，所以意见也更容易达成一致，这也是我们办事效率高的原因之一。"

晶雅音管的迷你版 LSPX-S1 售价
79 790 日元 [①]（含税，索尼专柜价）

---

① 1 日元约合人民币 0.06 元。——译者注

设置在东京惠比寿 arflex 店内的"晶雅音管的迷你版 LSPX-S1"。秉承 Life Space UX 理念而设计的产品完美地融于家居环境,以独特的魅力改善了人们的生活空间

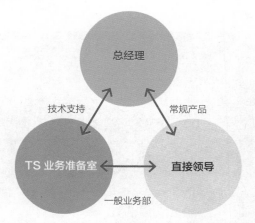

TS 业务准备室受总经理直接领导。上图为准备室与一般部
门关系的示意图。新产品开发费用也由准备室自行承担

那么，新产品开发标准和 Life Space UX 的理念是什么呢？简而言之，就是新产品能否融入起居室，给人们带来新的视听体验。

由于 TS 业务准备室会收到来自各个部门的建议和提案，所以确立一个明确的主攻方向是非常必要的。而 Life Space UX 理念的提出也让大家在筛选建议和提案时变得轻松多了。

因为 Life Space UX 系列产品从开发到销售都由 TS 业务准备室全权负责，所以它们才高效地实现了方案的商品化。

2016 年 2 月 10 日，索尼公司在东京惠比寿 arflex 店举办了便携式超短焦投影仪和晶雅音管的迷你版 LSPX-S1 的发售纪念活动。店内的 4K 分辨率超短焦投影仪和 LED 灯泡扬声器 LSPX-100E26J 等产品也向到场的各界人士展现出了未来起居室的魅力。另外，它们还在业务伙伴星野疗养院轻井泽 HBC 度假村举办了 Life Space UX 系列产品的展会。这些展品不同于一般家电，而是能够充分体现消费者需求的新产品。

图为在东京惠比寿 arflex 店展出的
便携式超短焦投影仪。该产品具有
不同于批量生产的一般家电的特殊
价值

图为在星野疗养院轻井泽 HBC
度假村展出的晶雅音管的迷你版
LSPX-S1。在业务伙伴的帮助下，
索尼公司向人们展现了产品的魅力

图为索尼公司在东京惠比寿 arflex
店举办的便携式超短焦投影仪和晶
雅音管的迷你版 LSPX-S1 的发售纪
念活动现场

LED 灯泡扬声器 LSPX-100E26J 是一款用高密度立体基板制作的与普通 LED 灯泡等大的灯泡扬声器。该产品能与起居室融为一体，是 Life Space UX 理念的体现。本品售价为 25 790 日元

便携式超短焦投影仪 LSPX-S1 是利用微型超短焦镜头与光学技术打造的投影精品。可以投射出 22~80 英寸[①] 的屏幕，实际测试仅需距离墙壁 30 多厘米便可以投出 130 英寸的画面。2016 年 8 月下旬首发，售价 99 900 日元

4K 分辨率超短焦投影仪 LSPX-S1 是一款可以投射出 147 英寸画面的高清晰超短焦投影仪。这款与一般电视柜大小无异的投影仪能够恍若不存在般为使用者提供最好的影音体验。本品仅在银座店出售。售价为 540 万日元

① 1 英寸≈2.539 厘米。——译者注

■ PART I：来自基层的战书

LIXIL 公司是如何推行设计思维的

要想推广设计思维，就必须首先证明它的可行性。LIXIL 公司在展会中展出了很多能够反映消费者心声的产品，获得了与会者的广泛好评。这些产品都有能够体现公司技术品牌的名字。品牌效应也为公司的发展注入了动力。

新方案只有得到大家的认可才能执行。不过，有时新方案也会由于可操作性不强和成本高等原因遭到大家的质疑。然而，建材生产商 LIXIL 却能在设计思维的指导下开发出令消费者满意的新产品。那么，它们在推行新方案时，是如何克服困难取得成功的呢？

RICHELLE SI 厨具是 LIXIL 公司的诚意之作。在推出这款厨具后，公司还把用设计思维开发出来的产品命名为"Human Fit Technology"，并将其定义为"人性化的高科技产品"。围绕品牌概念，员工们通过采访消费者，找到了新课题，并用最先进的技术开发出了使用效果最好的产品。发售于 2015 年的"便捷橱柜""感应水龙头""双开门壁橱"都是"Sun Wave RICHELLE SI"系列的产品。他们还把记录了开发过程的宣传册分发给消费者，以此来提高产品的附加价值。商品部设计组组长田口哲先生说："我们用 10 年的时间潜心钻研出了能够满足市场需求的产品。因为我们对自身的开发能力充满信心，所以我们愿意向消费者展现这份自信。品牌让我们与竞争对手拉开了距离，形成了独树一帜的风格。消费者和房地产开发商都对我们的产品给予了高度评价。"公司里的其他同事也一致认为，设计优秀且使用效果完美的"Human Fit Technology"品牌已经得到了市场的认可。

实际上，同事们是在看到 2002 年"doorpocket"的热销后，才认可"Human Fit Technology"品牌的。

"doorpocket"是在洗碗池下方的橱柜门上掏出来的一处可以存放菜刀、筷子等餐具的厨具收纳柜。由于柜门可用膝盖向里顶开，所以洗刷碗筷的主妇们可以不用擦手就能打开柜门把厨具收放起来。由于它的设计巧妙而合理，发售之后很快就得到了消费者的喜爱。

不过，这款产品在开发初期却遭到了销售部门的反对。长期以来，日本经济一直处于疲软状态，各家企业为求生存也只能靠打价格战来抢占市场。但田口组长并没有被这样的现状吓倒，他认为"既然 doorpocket 是开发团队在观察过主妇们做家务的细节后锁定的课题，那么产品问世后就一定会受到消费者的拥护与支持"。因此，田口组长说服了领导，在展会中展出了这款产品。结果，这款产品果然不负众望地得到了人们的赞许与好评。领导们也通过良好的反馈看到了希望，决定将其投入生产。田口组长说："自此之后，公司开始了以为满足消费者需求为目的、以质量谋发展的新产品研发工作。现在，大家都很期待我们下一阶段的作品。对我们来说，同事们的期待既是压力也是动力，我们必须加倍努力来回馈大家的支持与厚爱。"

此后，开发团队还推出了RICHELLE SI厨具系列。该系列产品的问世也要归功于设计师们对生活的观察与思考。

田口组长说："消费者研究团队在对消费者行为进行考察与分析后，会向设计师提出改进意见。设计师在构思方案时，不仅要设计出产品的外形与颜色，还要表现出产品的价值所在。"

把构思变成产品有两个要点：一是进行多角度的市场调查；二是把数据分析进行到底。田口组长说："我们必须亲自完成调查、分析、产品试制等工序。只有这样做，生产出来的产品才能保质保量。量化标准很容易辨别产品的优劣。但如果用'好坏'等主观感觉去评价产品的话，就很难设定出具体的评价标准了。而打造让主妇们喜欢的厨房正是我们今后的课题。"

● **构思变成产品的两个要点**

进行多角度的市场调查

定量法、定性法、观察法、提案法、采访法等方法均可尝试

把数据分析进行到底

认真观察并确认厨具的收纳方法，可用图表或软件来分析结果

让主妇们体验到烹饪的快乐
的 RICHELLE SI 厨具（图片
为 LIXIL 公司提供）

推广设计思维的要点

1. 先取得某个项目的成功

2. 再给项目命名

通过市场调查，开发团队在洗碗池下方的橱柜门上
掏出来的一处可以存放菜刀、筷子等餐具的收纳柜。
本品自 2002 年发售后，得到了消费者的关注与喜爱，
成了一炮走红的人气商品

同事们在看到这款商品受到消费者的欢迎后，也都
认可了"Human Fit Technology"这一品牌

图 1 为双开门壁橱。为方便主妇取
用餐具，壁橱采用了玻璃门设计
图 2："doorpocket"的热销改变了
同事们对设计思维的看法
图 3 为在充分做过市场调查后开发
出来的收纳柜
图 4 为感应水龙头。调查员发现，
主妇们在用洗碗机刷碗前，喜欢先
冲去餐具中的污垢。于是开发团队
就计算出了感应区范围，设计出了
这款产品

049

■ PART I：来自基层的战书

积水建房是如何运作"草根项目"的

很多企业并没有把设计思维确定为研发新产品的主要方法。但部分员工却能够自发地运用这种方法来进行项目开发。这些员工不仅具有高度的工作热情，还具备能够按时完成日常工作的业务能力。如果员工们以参加俱乐部的心态从事产品开发，并能够在开发过程中感受到快乐的话，那么基层人员也能发起一场推广设计思维的大革命。

设计思维只有在做出业绩后，才会得到人们的关注。不过，此前的开发工作只能靠部分员工的热情来维持。这些员工都是在做好本职工作的基础上，利用休息时间搞开发创新的。如此一来，他们的工作量就会增大。如不能处理好主业和副业的关系，创新也会成为无稽之谈。

积水建房负责草根项目的大阪设计室主任畠井嘉隆先生就是凭借着坚持不懈的努力带领大家取得成功的。2012 年，他们为年轻的主妇们打造了"现代妈妈之家"公寓。2015 年 10 月，他们又推出了打造别墅式公寓的新提案。用该方案设计出来的公寓在竣工后一个月之内就收到了大量的订单，该公寓也成了超人气商品。这些好方案都是员工们利用业余时间，在做过充分的市场调查之后设计出来的。

不给失败找借口

畠井嘉隆先生有一套独特的"招兵标准"。首先，他不要自己麾下的员工，在保持团队骨干成员不变的前提下，他会从其他部门抽调（并随时更换）有志于新产品研发的员工。这样做不仅能减轻大家的负担，还能让更多的人参与进来，达到推广普及设计思维的目的。开发团队还可以根据讨论内容和成员们的特长邀请不同的人来参加开发活动。例如，在开发现代妈妈之家公寓时，开发团队就邀请了女员工参与讨论，并请她们参观了公寓原型。在讨论别墅式公寓时，开发团队专程邀请了外界人士进行点评，得到了不同于开发商的观点与意见。

畠井嘉隆先生说："在征用其他部门的员工时，我们必须保证他们的主业不能受到影响。所以，参与研发活动的员工必须是工作效率高的人。"

选人不能选急功近利的人，也不能只选对设计思维感兴趣的人。畠井嘉隆先生希望能以俱乐部的形式开展创新活动。如果大家都能乐在其中，那么设计思维就能顺利地推广开来，更多的人就会对这种思考方法产生兴趣。

畠井嘉隆先生说："迄今为止，我都没有见到过以工作忙为由推掉研发活动的人。"

● 开发团队利用从实践中总结出的经验把项目做大
做强

推行设计思维时
遇到的问题

没有群众基础的创新
是不会成功的

可以先取得一些小成
绩，再正式立项

参与项目的员工必须首先做
好主业，一旦主业受到影响
就必须退出开发团队

以俱乐部的形式开展创新活
动，如果大家能体会到重在
参与的快乐，那么设计思维
就能顺利地推广开来

开发团队最初只想为年轻的主妇们设计出能够为她们的生活提供
方便的公寓，后期又把项目扩大为改建不宜租赁的"公寓一楼"。
这就是设计思维的推广过程

图为开发团队为专注于育儿、做家务、美容等年轻主妇设计的现代妈妈之家。由于这并不是公司正式审批的项目，所以开发团队只对户型做了简单的改进

打造别墅式公寓

开发团队用设计思维设计出了把一楼改建成别墅式公寓的提案，并于2015 年 10 月把构想变成了现实。该房型在问世的第一个月就被抢购一空。2016 年 1 月，户主们喜迁新居，感受到了新房型带来的快乐。这款别墅式公寓位于大阪府的堺市，是面积约为 60 平方米的两室一厅结构。一般来说，人们都不愿意住在一楼，所以一楼的租金也相对较低。因此，开发团队希望在保持房租和内部装修不变的前提下，通过新颖的设计来提高一楼的入住率。

图为现代妈妈之家的研习会现场。女员工们参与了讨论，为方案设计献计献策

图为新户型室内实拍。哺乳期的年轻妈妈们不仅会有一间儿童室，还能过上不为餐桌所扰的自在生活

图为为有一技之长且好为人师的中年人设计的房间。后门的玄关被改建成了店门，来访者们可以由后门进教室与主人切磋技艺。这样的房间很像一间店铺

图为为有淘小子的家庭设计的房间。后门设有浴室，孩子可以先洗澡，再进屋。此外，他们还给孩子留出了一块游戏天地，供孩子尽情玩耍

图为为儿女已经长大成人的夫妻设计的房间。室内装修和风满满，能让住户充分放松精神享受生活

该项目启动于 2014 年 10 月。开发团队在采访过讨厌住在一楼的住户后又做了大量的调查，并最终划分出了四种家庭类型。即有女宝宝的家庭、孩子在上幼儿园的家庭、有一技之长且好为人师的中年人家庭、儿女已长大成人的老年人家庭。他们还因人而异地设计出了不同的房间布局，把入住率低的一楼改建成了私人别墅。例如，他们会为哺乳期的年轻妈妈设计出儿童室，还会让后门直通停车场。如果是个有淘小子的家庭，他们就会在后门打造一间浴室，让孩子先洗澡再进屋。此外，他们还给孩子留出了一块游戏天地，供孩子尽情玩耍。为满足部分有一技之长的中年人渴望与人交流的愿望，他们把房间的后门设计成了一处店面。店面直通客厅，住户可以在这里与来访者切磋技艺。如果是儿女已经长大成人、夫妻二人重回二人世界的家庭，开发团队就为他们设计了能让他们放松精神享受生活的起居室及能够保护隐私的日式拉门。住户打开拉门就能看到窗外的院落和后门的停车场。

新房型布局精巧且成本低廉，受到了住户们的支持与喜爱。开发团队认为，公司对设计思维的应用目前尚处于尝试阶段，将来一定能用它创作出更好的作品。

■ PART I：来自基层的战书

KDDI 公司是如何推行设计思维的

　　如果把评价对设计思维的标准设定为能否有效地开发新产品与新市场，则商品的最终销量就会成为具有决定意义的参考指数。KDDI 公司在意识到开发过程也能创造价值这一问题后，将产品目录公布在了官方网站上。该措施有效地促进了项目的后期执行。而且，由宣传部门负责的项目开发工作也成了公司向外界展现实力的主要手法。

　　很多企业在用设计思维搞产品开发时都非常注重最终的销售业绩。这样做很难让设计思维发挥更大的作用。因为一旦开发团队不能推测出市场前景，项目就会被领导和同事们否定。

　　2016 年是 KDDI 公司运用设计思维搞项目研发的第三个年头。公司内的执行部门是创建于 2013 年 11 月，致力于开发能够取代手机的新通信工具的"au 未来研究所"。公司的官方网站上还为研究所创建了一个"实验室"主页。用户们可以在网站上参与新产品开发研习会。用户的意见有助于研究所的工作人员深化思考，设计出能够满足市场需求的新方案来。

　　公司在 2016 年曾有过推出一款配有传感器的童鞋的打算。传感器会随着孩子做出的"行走""跳跃""攀爬"等动作检测出地面的质地，并通过手机播放出相应的音乐节奏。传感器还会配合孩子的行进速度与行进环境让手机播放出应景的音乐。这个项目的主题是"让散步变成旅行"，它满足了孩子们寻求变化、希望与父母共度欢乐时光的心理需求。

其他参与者

　　黑客松是让人们用科技手段表达自己的想法和创新能力的场所。科技控们欢聚一堂，他们可以围绕着一个问题或者一个想法组队，从零开始编程，力求得出有效的解决方案。au 未来研究所允许 IT 人士以外的科研爱好者参与黑客松活动。2014 年 8~11 月，研究所以"衣""食""住"为主题举行了为期两天的研讨会。这次研讨会共分三场，每场限 30 人参加。

● **FUMM 的商品化过程**

黑客松

与会者在探讨后纷纷起草了方案，并把几经改进的试制原型展示出来

展会活动

把从黑客松活动中创作出来的作品以试制原型的形式公开展示，让大家操作试制原型，发现新的问题点

产品化

技术人员和生产商会对试制原型进行加工和改进，最终制成产品服务大众

au 未来研究所研制的 FUMM 是具有智能手机通信功能的高科技童鞋。能够感知到外界各种变化的传感器会配合孩子的行进速度与行进环境让手机播放出应景的音乐。这项发明会为盲人的出行提供便利

黑客松大会现场实拍。在提案与试制阶段，主办方会为技术人员提供把方案变成现实所需的相应
材料

2015 年 3 月 30 日召开的 FUMM 发布会实拍。会议现场还为孩子们增设了一处游乐园

五人一组的研发团队在黑客松大会上做成果展示

会上，大家在热烈讨论后纷纷起草了方案，并把几经改进的试制原型展示出来。在三个会场产生的 15 件作品中，大家一致认为"衣"主题下的 FUMM 最具开发价值。

重在宣传

由于研究所并没有把最终的销量视为评价设计思维的标准，所以它们在网站上公布的系列作品的行为也创造出了价值。

公司宣传部数码市场化团队队长冢本阳一先生说："设置 au 研究所是为了创造出新品牌。"目前，已有三家电话公司采用了"iPhone"系统。在这个商家提供的费用、服务、产品日趋相同的时代，怎样提高品牌价值成了经营者必须思考的问题。过去，公司在设计项目时也非常注重产品的创造性。可以说，研究所起到了继往开来的作用。

因为新项目是由宣传部全权负责的，所以其开发费用和宣传费用也由该部门承担。它们在乎的不是销量和业绩，而是性价比较高的"品牌对消费者的影响力"。事实证明，它们的指导思想是正确的。

冢本先生说："就算最终的产品不能创出显著的成绩也没有关系。因为向外界公布开发过程的行为也能起到宣传作用，让公司树立起品牌形象。比直接的利润更有价值的是品牌的影响力。只要设计思维能起到宣传品牌的作用，就可以在公司里推行下去。"

■ PART I：来自基层的战书

狮王公司是如何收集消费者意见的

在做市场调查时，企业可以把消费者的意见用记录图示法表现出来。这种方法对大家理解问题很有帮助。如果说"让人看着顺眼"这样的标准不易被理解，也可以让消费者从众多图片中选取他认为"顺眼"的一组出来，这样开发团队就能切实地理解"顺眼"的标准了。图像可以让人们更直观、更生动地理解问题。

在用设计思维指导工作时，开发团队会让消费者参与试制原型检验环节，并听取他们的意见。消费者的意见是原型改进的指南与标准。尊重消费者意见、深入开展市场调研，对项目开发是非常重要的。

不过，消费者有时也未必能准确地表达自己的想法。而不能把握消费者心理，就不能开发出让他们满意的产品。

怎样表现洗衣液的洗涤效果

2004 年，狮王公司为了能够把握消费者需求，创立了消费者行为研究所。虽然研究所能收集到很多来自消费者的意见与反馈，但这些信息并不等于方案。而且，意见太多了也不好集中。为此，大家决定用记录图示法来表现消费者的主要意见。这种方法能把消费者的意见以插画的形式表现出来，让大家对消费者的意见产生更深刻的理解，从而找到更有价值的课题。

为了理解消费者的感受，研究所让消费者把自认为"看着顺眼"的图片带到现场，再来一起探讨"顺眼"的本质是什么。毕竟，抽象的语言不足以让人想象出"顺眼"是什么样子，必须用更具体的表现形式将其展现出来。

消费者行为研究所品牌管理开发部长新条善太郎先生说："每个人对'好'的理解都是不一样的，为了理解消费者认为的好，我们必须理解其真正的意义所在。"

2016 年 2 月，研究所推出了新产品"TOPNANOX 超浓缩洗衣液"。怎样才能把这款产品的优点生动地表现出来呢？研究所通过与消费者反复讨论，终于从对洗衣液的各种评语中找到了"纤维""安全感"等关键词。于是，它们打出了"把每条纤维都洗得干干净净"的广告语，并在包装袋上绘制了让人充满安全感的气泡。

开发团队给消费者展示了产品的洗涤效果，污垢的脱落让大家叹为观止（上图为洗涤前）。下图为用 TOPNANOX 超浓缩洗衣液清洗后的效果展示

（图片为狮王公司提供）

左图为老产品"TOPNANOX"，右图为 2016 年发售的"TOPNANOX 超浓缩洗衣液"。包装袋上还印有"把每条纤维都洗得干干净净"的广告语

● 开发新产品时，公司最注重的是怎样把消费者的心声以图像的形式展现出来

开发时的问题

意见太多了也不好统一，且意见也不等于方案

为了理解消费者所谓的"顺眼"，必须用图像把消费者的意见表现出来

记录图示法　　　　　　　　图片法

把消费者的意见以插画的形式表现出来，让大家对消费者的意见有深刻的理解，找到更有价值的课题

让消费者把自认为"看着顺眼"的图片带到现场，再来一起探讨"顺眼"的本质是什么

把消费者的意见在产品理念中表现出来

打出"把每条纤维都洗得干干净净"的广告语

■ PART 2: 由上至下的改革

Family 公司的经营者是如何看待设计思维的

　　如果只有经营者想推行设计思维，而员工们却不响应号召的话，那么创新就一定会失败。为了提高员工们的觉悟，经营者必须让大家认识到创新和设计思维的意义。他山之石可以攻玉。经营者可以邀请外界的设计师来与公司员工们交流，让员工们对设计思维形成初步的认识。这种方法也有助于公司的人才培养，让公司在未来发展中后继有人。

　　经营者要怎样做才能提高员工们的创新热情呢？我们不妨来借鉴一下童装生产制造商 Family 公司的改革经验。

　　2011 年，冈崎忠彦在走马上任董事长后，大力改组了公司体制和店面设计，果断地实施了员工教育体制改革，为新 Family 的诞生而努力奋斗。

　　为了能让员工们学习设计师的设计思维方法、加速企业改革，冈崎董事长特意创造出了一个便于员工与设计师交流的环境。

设计师董事长

　　其实，冈崎总经理本人就是一名曾在设计界先锋团队八木保工作室里工作过的平面设计师。他请那里的设计师来给员工们做培训，组织学习会来提高大家的业务能力。自 2014 年起，公司每个月都会在东京银座的"CUBiE"召开学习会。

会上，员工们除了学习商务知识之外，还要讨论公司发展的方向与主题。由于主题的设定较为广泛，所以学习会不仅能帮助员工提高业务能力，还能培养并训练他们的商务思维。

此外，公司还会邀请年轻的妈妈和小朋友们前来参加研习会和讨论会。这些活动都得到了消费者的大力支持。2016 年 1 月 15 日～2 月 15 日，公司邀请书法家中冢翠涛先生组织了以墨会友的"丹青教室"。在这里，孩子们可以通过学习书法的基础知识体验到挥毫泼墨的乐趣。这次活动意在激发孩子们的创造力与想象力。在推行设计思维以前，公司里是没有此类活动的。

冈崎董事长说："改革最怕的就是管理层与基层的步调不一致。学习会不仅能提高员工们的业务能力，还能让他们认识到未来发展趋势，提高他们的创新能力与交流能力。这种培训能让员工们具备成为企业领导者的素质，为公司培养出新一代人才。"

让员工们具备危机意识

随着日本社会少子化问题的日趋严重，冈崎董事长对公司的未来发展也充满了危机感。公司的店面在逐年减少，企业要发展就必须尽快完成转型。

而要想达成这个目的，就必须让员工们借助外部设计师的力量共同拼搏才行。

现在，Family 公司开创了网络与实体店相结合的运营新模式。在这种全渠道零售战略下开发出来的童装也被称为"全渠道零售童装"。即，把实体店改造成体验式服装秀场的同时丰富网店内容。这种模式能让公司在精兵简政的情况下保证利润。

冈崎先生说："我希望我们的服装能够满足孩子们的梦想。而想要实现这个理想，就必须获得大家的支持。只有员工们都觉得有趣，创新才能进行下去。因此，我需要借助设计师的力量为公司注入新的动力。"今后，公司还会在具有互动性质的学习会及开发适合公司发展的设计思维等方面投入更多的人力和物力。

● 冈崎董事长的方针

为打破童装业务的局限性

经营者邀请设计师来给员工们做培训，以便开发员工们的想象力，开展新业务，培养新人才

在银座店里频频举办互动式体验活动，强化网络战略，重新定义实体店的存在价值

把公司打造成受孩子们欢迎的"梦之服装厂"

2014 年，公司在东京银座店实拍。一层的"CUBiE"每月都会举办一场提高孩子们创造能力的互动活动

（图片为 Family 公司提供）

『我希望大家都能学会顶级设计师的设计思维方法。』

冈崎忠彦

Family 公司董事长

（摄影：今纪之）

在银座店与 TeamLab 实验室共同举办的活动"TeamLab 手绘水族馆"。高科技产品可以让孩子们画的鱼能在屏幕上"游"起来。孩子们也可以在屏幕上摸到这些"会游泳的鱼"。来访者都可以体验到设计思维带来的快乐

书法家中冢翠涛先生组织的"文字的天空——点燃希望之光"活动现场实拍。设计师可以和员工们
在此交流对书法艺术的理解

■ PART 2：由上至下的改革

鹤屋百货店是如何选择设计师的

最好不要找那些教条主义的设计师来协助工作。每家企业都有各自的特点，必须邀请那些懂得"入乡随俗"的设计师来指导工作。甄别设计师优劣的标准不是他过去的业绩，而是看他能否用新方法设计出新提案。

在用设计思维搞创新时，除了调动员工们的积极性，还可以请外界的设计师前来助阵。其实，邀请设计师也是一门学问。只有选对人，才能做对事。

熊本县老店鹤屋百货店为了改变员工们的意识，自2012年起推行了"鹤屋创新项目"。它们希望借助外部力量推动创新的发展。不甘现状的久我彰登总经理在意识到既有销售方法不适合开发新市场后，指出"服务是在卖场消费的'商品'"。为了让顾客产生物超所值的体验，久我总经理认为必须提高卖场营业员的工作积极性，因为态度比能力重要。为此，久我总经理聘请了电通公司的岸勇希 CDC 创意总监来给员工们做培训。

把握鹤屋百货店的特色

岸勇希先生在电通公司除了负责 CM 策划，还创建了一套效果显著的交流设计。久我总经理在读过岸勇希先生的著作《交流设计》后，认为这位观点新颖的设计师一定能帮助公司走出困境。这部著作的亮点是作者用大量的事实论述了他所提倡的工作方法。久我总经理在听了岸勇希先生的演讲后，认为他的观点一定能为员工们带来新启示。为此，他请岸先生来公司做了两个小时的演讲。

过去，公司也邀请过一些"高人"来给大家做演讲、搞培训，但很多员工都在学习会上酣然入睡，梦会周公。然而，岸勇希先生的演讲却让大家聚精会神地听完了全程。

久我总经理满意地评价道："岸勇希先生的观点让人耳目一新。与其让我去和员工们讲大道理，不如让岸先生用一个个生动的事例来向大家证明创新的必要性。只有这样的演讲才能打动大家的心，提高他们的工作热情。"接下来，公司启动了为期一年的培训计划，创建了"鹤学习班"。久我总经理从各部门挑选出了50名员工，让他们参加学习班，学习方案的构思、制定以及介绍方法。此后，公司于2014年6月开办了"人物物语展"，又根据第二期学员的意见于2015年创建了人气超高的"鹤屋啦啦啦大学"。该大学以店内的卖场和沙龙为教室，请各岗位的先进员工"开坛讲法"，向顾客们介绍了不少和商品有关的知识，加深了买卖双方的交流与互动。

图为始创于 2015 年的鹤屋啦啦啦大学。销售员以讲师的身份给顾客介绍了不少商品的相关知识和小贴士，加深了买卖双方的理解与互动。店内的卖场和沙龙就是他们的教室。员工们主动提交了设计方案，积极地投身于生产实践

（图为鹤屋百货店提供）

鹤屋啦啦啦大学的校徽。
"鹤屋啦啦啦"也是大学的
校歌

有志于学在鹤屋
鹤屋啦啦啦大学

『君子以自强不息，希望诸君都能独立思考，积极开创未来。』

久我彰登总经理

（摄影：浦川佑史）

● 鹤屋百货店的经营环境和方案

虽然经营者很想开发新市场，但既有的销售
方法已经过时了，必须让员工主动地去思考
销售方案

久我总经理邀请电通公
司的设计师岸勇希先生
前来助阵

用人标准 1

没人在学习会上梦会周公，员工们
都聚精会神地听完了岸勇希先生的
演讲。岸勇希先生的演讲中有丰富
的事例，这是有别于其他设计师的
一大亮点

用人标准 2

岸勇希先生没有凭经验办事，而是
对症下药地给鹤屋百货店开出了一
剂创新良方，设计了尊重员工个性
的人才培养方案

主要成果

创办了"人物物语展"
"鹤屋啦啦啦大学"
以及各具创意的方案

图为 2014 年 6 月召开的"人物物语展"实拍。
员工们把对商品的思考以各种形式表现出来。
该展会也是鹤屋创新项目的方案之一

公司的所有企划案都源于这个学习班。是优秀的设计师的指导与培训激发了员工们发挥主观能动性的自信与勇气。久我总经理认为，用自创交流设计法为丰田汽车公司等众多企业设计出营销战略的岸勇希先生是一位优秀的设计师，他的演讲点燃了员工们的工作热情。不走寻常路的鹤屋百货店期待员工们能够自主设计出新的服务与方案。公司期待与更多的设计师合作，培养出更多的新型人才。

■ PART 2: 由上至下的改革

FOOTMARK 公司是如何提高员工们的创造力的

经营者应创造出能够让各部门的员工以小组形式自由讨论意见的企业环境。这种环境就像洗牌一样，不必拘泥于部门和岗位，不必选德高望重的人做组长，也不必无条件执行领导的命令。只有构建一个真正自由的体制，才能激发员工的创造力。

推崇创造力的设计思维要求人们能够灵活地处理问题。但很多企业都不理解什么叫"灵活地处理问题"。企业环境过于严密也不利于大家放开手脚大干一场。有些员工认为领导呼吁的"创新"只是掩人耳目，有些领导则对设计思维叶公好龙。在这样的环境下推行设计思维，一定会失败的。

尽管如此，依然有像 FOOTMARK 公司一样的企业依靠员工的力量，不断地推出新产品，促使企业创新向前发展。

位于东京墨田区的 FOOTMARK 公司是一家主营体育用品及妇幼用品的服装生产商，虽然这家中小型企业只有 60 名员工，但他们却于 1969 年开发出了日本首款学生泳帽，又于 1984 年创造出了"介护"一词，并将其注册为妇幼用品的商标。可以说，这是一家能够给市场带来新气象的企业。最近，它们又开发出了可以让不会游泳的人也能体验到游泳的乐趣的泳衣"自

由泳 25 米"、护工专用浴室防水围裙等多种个性化产品。它们不仅提出了创
新的方案，还把构想变成了现实。

　　董事长矶部先生说："我们喜欢思考，喜欢开发新产品。"曾经的学生泳
帽和"介护"一词都是员工们智慧的结晶。矶部先生本人也是个善于观察生
活、勤于思考的人，他的行为也影响了企业中的每一个员工。因此，公司也
形成了自由思考的氛围。

　　为了促使员工们养成爱思考的习惯，公司还设置了收集大家建议的"创
意箱"，并召开了能够帮助大家进步的学习会。当然，"创意箱"和学习会只
是形式，并不是能够促使公司不断进步的本质。而 FOOTMARK 公司有别于
同侪的根本原因是它们成立了学习小组。

年轻人也可以做组长

　　公司里有个"英雄不问出处"的学习组，组长可以由资历尚浅的年轻人
担任。由于小组的成员来自各个部门，组长也不必按照"按资排辈"的方法
进行选拔，所以学习组形成了能够让大家畅所欲言的自由民主的氛围。正因
为企业存在着这样的环境，所以创意箱和学习会才能长期发挥作用。

　　公司里还有个智多星委员会。该组织每月都会提出一些问题让大家思
考。大家可以把自己的想法或解决方案写下来投入创意箱。委员会会对收集
上来的方案进行测评。有时，就连总经理提出的方案也会被委员会否定。而

分值高的方案会被转交给商品开发委员，由生产部门制作出来。2016 年 1 月的课题是"防滑材料适合制作什么产品"。经过讨论，大家认为防滑材料最适合制作"打水板"。智多星委员会委员的任职期是两年，委员选拔标准也和员工在公司里的级别、职位没有关系，人人都有成为委员的机会。

在每月的例行学习会上，公司里的全体员工都会以小组为单位对课题进行讨论。2016 年 2 月的研究课题是"怎样从报纸中获取市场新动向"。大家围绕着公司的未来发展这一课题展开了热烈的讨论。

经过讨论，大家设计出了不少新方案。例如，由不会游泳的员工提议研发的"自由泳 25 米"泳衣就是一例。因为不会游泳的人最能理解"旱鸭子"的痛苦，所以不会游泳的员工成了开发团队的组长。

矶部先生说："一定要创造出能够让大家畅所欲言的环境。沟通与交流会扩大大家的知识面、提高创造力。"

从无到有，三生万物。所有产品均为本公司原创设计。我们在用知识创造未来，这就是 FOOTMARK 的创造力！

图为公司例会实拍。公司里的全体员工都会以
小组为单位对课题进行探讨。组长选拔不问出
身。学习会促进了员工们的交流与互动，形成
了能够让大家畅所欲言的企业环境

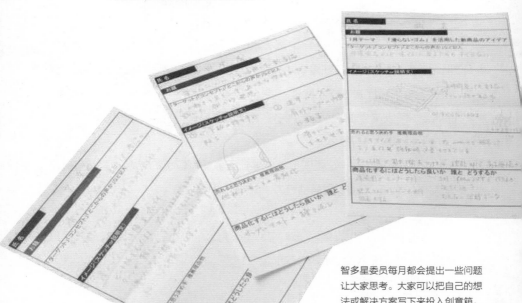

智多星委员每月都会提出一些问题
让大家思考。大家可以把自己的想
法或解决方案写下来投入创意箱。
有时，就连总经理提出的方案也会
被委员会否定

『自由民主的企业环境
有利于方案的诞生。』

矶部成文
FOOTMARK 公司董事长

（摄影：九毛透）

私たちのクリエイ

[フットマークの特許商品・独自商品]

無から有へ。
何もないところから、新しいモノを生み出す。
すべては自分にある。
だから、自分で一生懸命に知恵をしぼってつくり出す。
これがフットマークの「創造力」です。

我公司的创意产品【FOOTMARK 独家专卖】

イブ

1.アクアスーツ　2.スイミングバックボックス型　3.ゆっ?
5.スイムフィックス・アームブイ　6.フィールアライナ　7.水泳
10.フルサポートカバー〈介護おむつカバー〉　11.股関節脱?

?きうき®水着
ハーネス　9.ハッ?
気性おむつカバ?

图为 FOOTMARK 公司的广告
专栏，体现了公司锐意进取的
精神。右图为护工用浴室防水
围裙。该商品 2015 年的销量比
前一年提高了 1.5 倍，是深受消
费者欢迎的人气商品

● FOOTMARK 公司创造力的来源——利于创新的制度

制度 1: 创意箱

大家可以把自己的想法
或解决方案写下来投入
创意箱。委员会会对收
集上来的方案进行测评

制度 2: 学习会

收集方案的研究会。小
组讨论自由活泼，不受
组员在公司里级别、地
位的影响

上述制度有利于创造出一
个让员工们畅所欲言的工
作环境，通过沟通与交流，
大家会扩大知识面，提高
创造力与想象力

■ PART 2：由上至下的改革

canaeru 公司是如何借助外部力量推行创新的

　　设计师如果只为企业设计 Logo 或品牌形象是不会让企业发生本质上的变化的。经营者必须让设计师参与公司的主要业务，令其指出企业发展的真正课题和解决方法。而经营者和设计师努力拼搏的态度也一定会给员工带来积极的影响，改变公司的工作氛围。

　　设计思维不仅能推出新的产品与服务，还能为企业创新注入动力，改变企业的现状与体制。但只请设计师帮忙设计 Logo 或品牌形象还算不上真正的创新。创新意味着企业的脱胎换骨、破茧成蝶。因此，经营者必须让设计师参与公司的主要业务，令其指出企业发展的真正课题和解决方法。这样才能让设计师发挥出最大的价值，为企业创新贡献力量。

　　横滨市神奈川县的 LP 瓦斯公司 canaeru 在设计师的帮助下取得了令人瞩目的成绩。八品牌设计公司（EIGHT BRANDING DESIGN）的设计师西泽明洋先生参与并指导了公司的创新，为公司的发展做出了巨大的贡献。

　　关口刚董事长说："LP 天然气行业的企业可以根据用户的消费情况自由设置价位，但这种操作透明度欠佳。我们想公开价位标准，推出有别于同行的优质服务。不过，我们不知道该怎样表现这种想法，所以才把这个项目拜托给了经验丰富的西泽先生。"

真诚为本

关口董事长与公司里的业务主干曾多次在例会中向西泽先生介绍了公司的特点。关口董事长说:"通过谈话,我又发现了迄今为止我尚未注意到的新问题。例如,西泽先生曾问我'为什么你们的煤气罐的颜色和煤气的气味跟其他公司的都是一样的'等问题时,我都不知道该怎样回答。已经习惯了业界常识的我从没思考过这些问题。西泽先生的提问无疑帮我打开了一扇通往新世界的大门。想创新就必须用顾客的视角来看待问题。其实,我对公司的优势项目也不是很了解,所以也没法回答出西泽先生的提问。"

由于公司的业务内容和同行们大致相同,所以想脱颖而出并不容易。怎样才能体现出开放式经营这一初衷呢? 最终,大家把"真诚为本"设为了服务理念,并把它作为企业方针明确地刊登在了官网主页和宣传册上。这个界定有助于用户理解何谓"公开透明"的价格体系。

此外,它们还确定了公司的主色调,设计了 Logo 与品牌形象。新 Logo 的 Ka 是"住宅"的意思,其个性的书写体表现了"公开"的含义。而品牌形象则是一只外形酷似煤气罐的小狗。这只极具亲和力的小狗得到了用户的喜爱。

2013 年 10 月,公司把天然气的价位公布在了官网上,与新 Logo 和品牌形象共同宣示着公司开放、真诚的新姿态。改革不仅让公司收获了众多支持者，还于 2015 年获得了消费者厅授予他们的"最佳消费者支援奖"。

　　西泽先生提供的方案不仅帮助 canaeru 公司完成了创新，还为它们的改建项目做出了贡献。日本国土交通省曾提出过一项名叫"复兴"的住宅诊断服务普及制度。为响应政府号召，公司也推出了"i 改建"计划。改建项目就是把"PDCA（Plan・Do・Check・Action）"以"iPDCA（INSPECTION・PLAN・DESIGN・CONSTRUCTION・AFTERCARE）"的可视化形式展现出来。这种表现方式可以让消费者准确地了解到项目的进度。

　　关口董事长说："创新给企业带来了业绩的攀升。"但实际上，也有不认同创新的人选择了辞职。可见，创新想要开展下去，就必须先提高全体员工的认识与觉悟。

图为公司"真诚为本"的经营方略

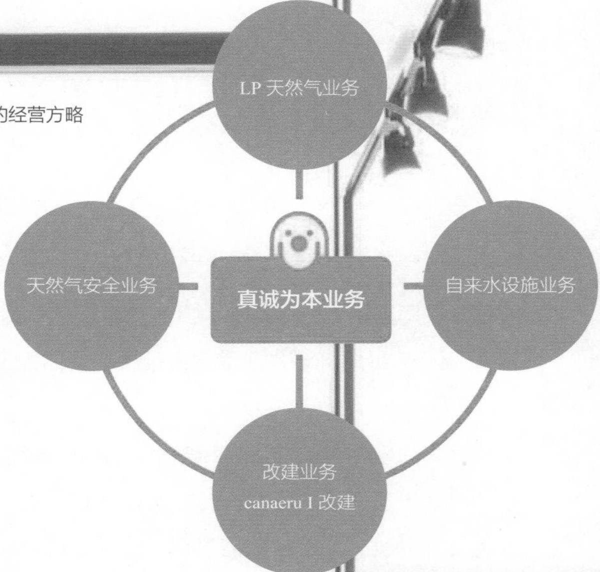

LP 天然气业务

真诚为本业务

天然气安全业务

自来水设施业务

改建业务
canaeru I 改建

『用设计的力量给
企业注入活力。』

关口刚
canaeru 公司董事长

新 Logo 的 Ka 是"住宅"
的意思，其个性的书写体
体现了"公开"的含义

力十工ル

力十工ル
i リフォーム

（摄影：丸毛透）

旧版

这是公司过去的 Logo。这样的设计很难体现公司的理念

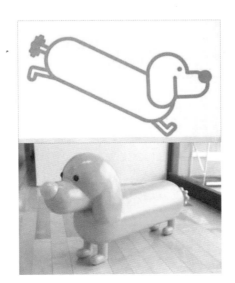

新版

这是亲和力超高、外形酷似煤气罐的卡通狗 "L 君"。这只小狗不仅被摆放在了公司里，还被做成了玩偶为公司代言

● "真诚为本"的理念不仅改变了公司的 Logo 与品牌形象，也让
　员工们的工作环境焕然一新

项目背景

LP 天然气行业的企业可以根据用户的消费情况自由设置价位，但这种操作透
明度欠佳。canaeru 公司想公开价位标准，推出有别于同行的优质服务

怎样把理念表现出来

为了脱颖而出，大家把"真诚为本"设为了服务理念

新 Logo

Ka 是"住宅"的意思，其个性的
书写体形式体现了"公开"的含义

新品牌形象

亲和力超高、外形酷似煤气罐的卡
通狗"L 君"。这只小狗还被做成
了玩偶为公司代言。

相关业务的创新

改建业务也取得了新的进展。以诊断服务为代表的诸多业务内容都在培训员
工的同时构建了能获得顾客认可的服务体系

反对改革的人越来越少，
公司的工作氛围变得开放
透明，活力满满

座谈会：决定企业成败的设计思维

很多企业都希望能用设计思维来指导工作，创出业绩。怎样才能让设计思维在企业里生根发芽呢？设计思维在企业的前景又将怎样？

日经设计编辑部（下文简称 ND）：现在，设计思维得到了人们的广泛关注。而运用设计思维指导工作，却遭遇创新失败的企业也越来越多。大家都想知道企业在创新时会遇到哪些问题，以及遇到问题后的解决方法。首先，请各位自报家门，说说您对设计思维的看法。

绀野：我自 1990 年起就想用设计思维来指导企业管理。最近，设计思维促成了设计师与经营者之间的合作。越来越多的企业尝试用设计思维来指导工作。可以说，我们已经迎来了一个人人都是设计师的时代。

佐宗：我曾在 P&G 公司做过市场营销员，后来又转职去了索尼公司的设计部门。2015 年 8 月，我创建了咨询公司 Biotop。我认为，创新就是在给企业做大手术，必须打破各部门之间的界限。应该以"合作共赢"为理念，让体制及各部门完成工作模式的重建。这种做法其实就是对设计思维的活用。我们在创新时很有必要创建与商务、设计有关的新组织体制和工作模式。

绀野登●毕业于早稻田大学理工系建筑专业，是 KIRO（知识改革研究所）的代表、多摩大学研究生院教授（主讲知识经营论）、经营信息学博士、一般社团法人日本创新网络（Japan Innovation Network）理事、庆应义塾研究生院 SDM 研究科特聘教授、东京大学创新学院特聘董事、日建设计顾问。著有《知识设计企业》《商务设计思维》等作品

森田美纪●曾在大阪市立大学主修建筑意匠专业，2012 年留学于丹麦皇家建筑艺术学院，以优异的成绩完成了硕士阶段的学习，取得了丹麦建筑师资格证。现在在丹麦的 Kontrapunkt 公司兼职建筑师及项目协调员，主要负责与日本方面有关的设计项目。2015 年，她与合伙人在哥本哈根共同创立了 mok 建筑公司（mok architects）

佐宗邦威 ● Biotop 创新预备队代表。曾在伊利诺伊理工学院主修设计学院硕士课程。2002 年就职于 P&G 公司。2008 年在索尼公司国际营销部门的业务创新平台 Sony Seed Acceleration Program 效力。2015 年创建了 Biotop，为企业的文化改革和设计共创型项目流程贡献着力量

绀野 登
多摩大学研究生院教授

森田美纪
Kontrapunkt 建筑师兼项目协调员

佐宗邦威
Biotop 的代表

图片　名儿耶洋
插画　山根凉子（yukai）
协助摄影 CATALYST BA（东京二子玉川）

　　森田：我最初就职于文字设计公司。如今，设计已经呈现出多样化的发展趋势，只做平面设计是无法满足时代需求的。我已经强烈地意识到了客户们对网络、智能服务设计的高标准和新要求。

刷新观念

　　ND：设计思维在日本国内的推广现状如何？

　　绀野：现在，欧美企业已经从品质经营时代进入了设计经营时代。但日本企业却没有做出任何新的挑战，依然躺在过去的功劳簿上睡大觉。迄今为止，日本企业最重视的依然是产品制造与工艺提高。它们对贡献社会和满足市场需求等方面并没有做出足够的努力。所以，设计思维在日本还是有很大的发展空间的。

　　佐宗：倡导设计思维的美国 IDEO 公司出版了一本名为《创新的艺术》（*The Art of Innovation*）的著作。2002 年，该著作登陆日本，引起了人们的关注。在设计思维普及开来的十几年中，越来越多的企业希望能用它创造出一个利于创新的工作环境，成为未来社会的赢家。因此，我们必须加深对设计思维的理解与认识。

　　绀野：2012 年，在美国波士顿召开了一场名为"设计思维是否已经不合时宜了"的学术研讨会。会上，一些学者批判了把行为观察作为设计思维中的一环的观点。对此，我认为，所谓的行为观察不应该是针对一般消费者做出的观察，而应该是在反思企业内部工作流程的基础上，开发出的一套行之有效的工作流程。

ND：也就是说，要想推行设计思维就必须首先改变企业的组织体制与工作环境。

森田：很多人在考察设计思维时都很在意它的方法。其实，方法只是实现目的的手段，它本身并没有那么重要。再说，设计思维的实现也并没有固定的方法，正所谓水无常形。

佐宗：日本企业比较注重理论和效率。不过，注重效率的组织体制与能够适应未来社会的设计思维之间存在着巨大的鸿沟。企业要想让天堑变通途，就必须创造出能够让大家认真地讨论商品和价值的关系、允许员工们进行试错实验的工作环境。而设计思维正是能为企业创造出这种环境的好方法。如果改革只是换汤不换药的浅尝辄止，那么设计思维在企业中的推广就很容易折戟沉沙。

森田：丹麦人的会场气氛都非常自由民主。与会者可以畅所欲言，领导们讲话也不打官腔，不扭捏作态，大家都是当面锣对面鼓地有话直说。他们与客户保持着平等的关系，不提倡"顾客就是上帝"这样的理念。这样的工作环境对日本企业来说简直就是天方夜谭。

绀野：要想创建一家以员工为主体的公司，经营者就必须身先士卒大力推广设计思维。只有彻底改变企业的体制，才能迎来新的变革。

未来的设计师应具备协调公司内部各个部门的才能。

● 打造能与客户平等对话、畅所欲言的企业环境

从『以设计师为主导』的时代进入『全员参与』的时代。

● 设计师是企业的指挥家

在讨论时要敢于挑战权威，让项目的相关人员充分发表意见。

● 将来，所有的员工都将成为设计师

佐宗：体制改革能给企业发展和新产品研发带来积极的影响。设计思维一旦在企业里生根发芽，就一定能结出累累的硕果。

让设计师成为企业的指挥家

ND：设计师能为企业创新做些什么？

绀野：设计师必须首先提高自己的思想觉悟。20 世纪初，社会需要的是能够设计出如化妆品等具体产品的设计师。后来，随着社会的发展，人们希望设计师能具有鼠标般的灵活性，为以人为本的社会贡献力量。而新一代的设计师必须能给人们带来某种特别的体验与感受，UI、UX 设计师将会备受推崇。因此，设计师必须提高自身的设计能力，满足社会需求。

森田：我在上学时除了学到了一些和设计有关的专业知识，还掌握了一种非常灵活好用的设计调查法。它能让你按照客户的需求去做调查，其本质和设计思维是一样的。

佐宗：新型设计师应该像乐队的指挥家一样，具备协调各个部门的能力。在理解消费者的需求后，设计师应协助企业改革公司内部结构、完成人事调动。设计师不是专才，不能把"活在当下"作为人生信条，而应该放眼未来，成为指点江山的企业领袖。

与时俱进，不断进步

● 设计师必须与时俱进地提高自身的素质和能力

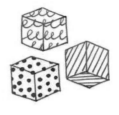

**做装饰设计的
塑造能力**

装饰设计

**从无到有的
塑造能力**

发明创造

**带给消费者
新体验的创造力**

相关的感受与体验

デザイン
思考の
つくりかた

03

10 位设计大师的思考方法

优秀的设计师是怎样收集信息、设计方案的呢？本章采访了 10 位设计大师，为大家介绍他们在设计方案时的构思要点。

这些设计师的构思要点其实是不同于教科书式的"设计思维"的另类设计思考法。如果说设计思维是设计师智慧的结晶，那么本章将为大家展现的就是将设计思维从设计师头脑中提炼出来的过程。

这 10 位设计大师在提案时都用到了设计思维最基本的现场观察法——设计调查法。这种方法不仅能帮助设计师创作出优秀的作品，还能为商务人士的工作提供帮助。

设计调查法有三个要点。

1. 取材有方。设计师的调查重点不同，则设计出来的方案也不同。例如，Takram 公司的田川欣哉先生会对五种人进行采访调查。他除了会采访客户和基层员工，还会听取"旁观者"的意见。

2. 独特的切入点和分析能力。设计师会用全新的视角来看待问题，总结出新观点。Good 设计公司的水野学先生会用"看起来像……"的句式去描绘并把握对象的特点，以便对对象做出整体的把握。

3. 坚持做思维训练，提高信息的收集能力和分析能力。GRAPH 公司的北川一成先生经常在阅读时思考人的本质。这对他的工作很有帮助。

本章为大家介绍的 10 位设计师的工作方法虽然不尽相同，但他们获取新知识时的积极态度却是一致的。我们应该见贤思齐，找到适合自己的设计调查法。

田川欣哉 /"金属环"诞生记

　　◯ 腾龙公司

就职于主营设计和工程项目的 Takram 公司的田川欣哉先生曾为腾龙公司设计出一款人气镜头。下面为大家介绍的就是新产品开发的全过程。

采访是设计师和商务人士在寻找课题和解决问题时所采用的基本方法。设计师也经常用采访法寻找灵感。不过，田川先生在做采访时并不是和客户做程式化的问答记录，而是向公司内外的五种人征求意见。2015 年，他在为腾龙公司设计镜头时，曾在三个月内采访过 60 个人。

腾龙公司希望田川先生能改良 SP（Super Performance）系列产品。以出售物美价廉的便携镜头为主要业务的腾龙公司为了生产出更高端的产品，向 Takram 公司发起了求助。

公司内部的采访

田川先生首先对公司内部的两种人做了采访。

● 田川先生的采访法

内部人士采访　　中间人采访　　外部人士采访

1　2　　3　　4　5

田川欣哉是一名设计师/设计工程师，从事硬件、软件、互动艺术等多领域的设计工作。主要成果有：丰田汽车 NS4 的 UI 设计；日本政府数据可视化系统 "RESAS- 地区经济分析系统" 的模型；NHK E 电视台 *mimicry* 节目的艺术指导。他设计的日文输入器 "tagtype" 已被美国的现代艺术博物馆摩玛收藏在馆

松田圣大是一名设计工程师，从事图片设计、界面设计、软件工程设计、模型硬件设计等领域的设计工作。对文字技术深感兴趣的他还获得了数字排版行业的 IT 人才认证。他毕业于庆应义塾大学环境信息系，曾在御茶水女子大学担任过研究员，并参与过 JST ERATO 五十岚设计界面项目。2013 年就职于 Takram 公司。2011 年荣获好创意大奖

1　高层采访／针对总经理、董事长等企业的高层领导做的采访（意在了解公司的长期发展战略）

2　在线采访／针对在项目一线奔忙的基层人员做的采访（意在了解项目的近期成果）

3　关键人物采访／对能够向消费者宣传企业的记者等人士所做的采访（意在客观公正地对项目做出评价）

4　网络采访／用社交网络收集来自社会各界的反馈意见（意在把握与项目相关的情况）

5　用户采访／对消费者群体做人种学研究和集体采访（意在了解消费者心声）

全方位多角度地对信息进行收集整理

『先收集到充足的信息，
再去设计方案。』

松田圣大
设计工程师

田川欣哉
Takram 公司
设计师／设计工程师

做好五种人的采访，全方位
多角度地收集整理信息

"高层采访"是对总经理、董事长等企业高层领导所做的采访。"在线采访"是对在项目一线奔忙的基层人员所做的采访。通过采访这两种人，田川先生可以初步把握公司对项目的整体看法与意见。

由于腾龙公司拥有广阔的海外市场，所以田川先生还采访了驻欧美、俄罗斯、中国、印度等地办事处的负责人。一般来说，田川先生可以通过高层采访了解到公司发展的长期战略，通过在线采访了解到项目的近期成果。只有听取不同的意见才能得出客观的结果。

例如，当田川先生问基层工作人员"您觉得公司里哪款产品最好""您最关注的研发项目是什么"时，对方就会向他介绍公司最先进的技术和技术在投产后创造出的价值。采访问题因人而异，具有较高的随机性。田川先生在每段采访中大概会与被采访者交流 15 个问题。

田川先生说："高层采访可以让我们了解到公司发展的长期战略，在线采访可以让我们了解到项目的近期成果。只有同时把握这些情况，我们才能为公司设计出新产品。而片面的采访是很难让人看到事物之间的关联性的。"

此外，田川先生还对公司以外的相关人士做过"用户采访"和"网络采访"。用户采访是指对消费者群体做人种学研究和集体采访。网络采访是用社交网络收集来自社会各界的反馈意见。第五种采访法是"关键人物采访"，指采访那些对行业有独到见解的记者和专家。田川先生本次采访的关键人物是专业的摄影师和专卖店里的售货员。

上述五类采访可以让田川先生从多角度来了解公司的情况。采访与调查是设计的第一步。田川先生参加了所有的采访，他的同事们把采访记录整理出来，并做了摘要。

确定设计理念

项目负责人松田圣大先生说："接下来，我们需要把主要的观点或理念从采访中总结出来，并以此为根据设计指导路线。"

田川先生发现这家以诚为本的镜头生产公司的社风是"以厂为家"，他希望能把这种社风通过产品传达给消费者。因此他提出了"令人感动的交流与沟通"这一理念。而把镜头前端遮光罩和物镜柔滑地连在一起的金属环正是该理念的体现。

腾龙公司新出品的两款镜头上都有这枚极具个性的金属环。它既能让直径、长度不同的镜头与机身紧密地连接在一起，又能体现出腾龙公司低调内敛的社风，让用户一眼就认出镜头的生产厂家。稳中求胜、质朴实用也是腾龙公司在制作产品时的终极目标。

把镜头前端遮光罩和物镜柔滑地连在一起的金属环

设计风格低调简约的金属环

从采访中总结出的理念——
"交流与沟通"

这是腾龙公司于 2015 年 9 月发售的适用于单头数码相机的 "SP 系列" 镜头。左为 "SP35mm F/1.8Di VC USD" （Model F012），右为 "SP45mm F/1.8Di VC USD" （Model F013）。把镜头前端遮光罩和物镜柔滑地连在一起的金属环是 "交流与沟通" 这一理念的体现

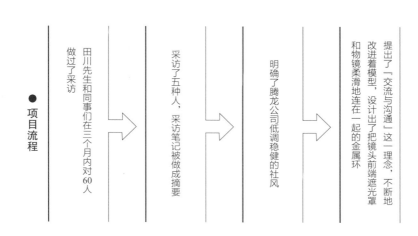

● 项目流程

田川先生和同事们在三个月内对 60 人做过了采访

采访了五种人，采访笔记被做成摘要

明确了腾龙公司低调稳健的社风

提出了『交流与沟通』这一理念，不断地改进着模型，设计出了把镜头前端遮光罩和物镜柔滑地连在一起的金属环

　　田川先生说："市场营销部得出的定量数据虽然能分析过去的业绩，却不能用来预测市场前景。在做设计时，掌握大量的信息是非常必要的。任何一个方案的提出都需要充分翔实的信息做支撑，所以采访是必要且有效的信息收集法。"

　　收集信息切忌一叶障目，要全方位多角度地对信息进行收集整理。田川先生和他的同事们就是用这种独特的采访方法创造出了利于创作的环境的。

江口里佳 / 温故知新设计法

○ 时尚品牌"KOE"、木村 KAELA 的 CD 唱片套

美术指导江口里佳女士说:"设计大体可以分为'符合客户要求类''老少皆宜类''标新立异类'等三种类型。其中,'标新立异类'是指见所未见的全新构思。要想让不关注你的人对你的作品感兴趣,就必须彻查所有的已有方案,再去构思新方案。"

例如,她在给 *Gravure* 杂志做封面设计时,会去登门造访该杂志的专卖店,查阅该杂志曾经用过的封面设计。只有做好充分的先行研究,才能创作出不落俗套的作品。江口女士说:"这种方法费时费力,必须做大量的前期调查。"

在给零食包装袋、商品购物袋、广告赠品做设计时,江口女士也会先去查阅此前所有的设计方案。另外,她还会收集各种创意作品,为工作储备资源。她认为,设计师在设计方案时不能太任性,不能只关注自己喜欢的风格。只有把所有的设计方案都查阅一遍,才能找出尚未被人发掘到的好创意。

最近,她在给服装公司的时尚品牌 KOE 设计吊牌时,就参考了自己收藏的各种吊牌,并在此基础上设计出了前所未有的椭圆形吊牌。

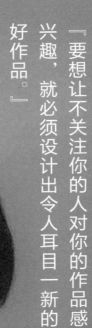

『要想让不关注你的人对你的作品感兴趣，就必须设计出令人耳目一新的好作品。』

江口里佳

电通公司美术指导·艺术家

江口里佳是电通公司 CDC 创意办公室的美术指导兼艺术家。在做好本职工作的同时，她还在日本国内外的展会上展出过自己的作品。著有绘本《面包之王》，为日本花样滑冰王子高桥大辅设计过服装。此外，她还在广告、艺术、模型开发、服装设计等多个领域贡献着自己的力量

图为江口女士收集的部分吊牌。江口女士正是以此为参考，为时尚品牌 KOE 设计出新颖的吊牌的。下图为 KOE 的吊牌

● **江口女士的构思流程**

客户需求
+
简明易懂的表现形式
+
与众不同的风格
=
全新的创意

因此，必须事先
查阅所有的相关资料

不要只关注自己喜欢的风格，
这会让你的视野变得狭窄

● 江口女士的构思要点

要点 1
尽可能多地收集既有作品，汲取灵感，推出新作品

（设计师不能只根据个人的偏好来设计方案，不能只关注自己喜欢的风格。只有把所有的设计方案都查阅一遍，才能找出尚未被人发掘到的好创意）

要点 2
思考好友推荐的理由

（思考"人家为什么要把这个东西推荐给我？这东西好在哪里？是好看还是实用？如果是因为实用性，那么到底是口感好还是用料好"等问题）

思考好友推荐的理由

　　身为两个孩子的母亲的江口女士，既是电通公司的美术指导，又是一位艺术家。她说："由于我要兼顾事业和家庭，所以只能忙里偷闲地做调查。如果朋友们把他们认为好的东西推荐给我，我就会思考他们的推荐理由是什么。"

　　例如，一些全职太太在给江口女士推荐某食品时，她就会想"她为什么要把这个东西推荐给我？这东西好在哪里？是好看还是实用？如果是因为实用，那么到底是口感好还是用料好"。她说："思考原因不必进行严谨的理论论证，我把思考原因的过程视为思维训练，我觉得这样的训练是有价值的。"

　　江口女士说："最近，很多企业都希望找我这个有育儿经验的人来给他们做设计。"例如，她给木村 KAELA 演唱的以儿童医院的保育员为主题的电视剧插曲 EGG 设计的 CD 唱片套就是一例。委托方希望江口女士的作品能为人们注入勇气，表现出人们一边守护着自己最重要的东西，一边负重前行的那种"包容万物的大爱"。

查阅此前的唱片套

江口女士首先查阅了木村 KAELA 此前所有的唱片套，并与歌手本人进行了交流，了解了她能接受的设计尺度与范围。

在歌曲尚未完成时，唱片公司在看过江口女士的代表作"鸡蛋"后，希望她能以此为题设计唱片套。于是，江口女士的脑海中就浮现出了木村 KAELA 从鸡蛋里破壳而出的情景。该作品的意象是"赤子之心"。江口女士说："在'鸡蛋'这个易懂的载体上融入'赤子之心'的理念，刚好能满足委托方的需求。而且，这个设计也符合歌手本人一贯的搞怪风格。"

唱片套的后期工序也非常严谨，为了让歌曲能够在杂志、海报等不同的宣传品上体现出不同的效果，江口女士付出了大量的努力。她说："在制作期间，上妆、做发型、表情调整以及照片的质感都需要一一改进，不过与其逐一讲解，不如把照片先拍出来之后再做整体评价，这样效果会更好。"

很多委托方都是看好了江口女士作品的独特风格才选择与她合作的。

江口女士说："我一到工作现场就能找到灵感。虽然我平时只是在收集一些碎片式的材料，但这些零散的素材也能激发出我的灵感，让我创作出独具特色的作品。"

KOE 专卖店与其购物袋。KOE
是以"家庭"为主题的时尚品牌。
身为人母的江口女士凭借生活经
验与人生阅历，通过观察人们在
生活中的遗憾与憧憬，设计出了
这个方案

● 唱片套的开发流程

客户需求

征求歌手意
见，了解歌手
可接受的设计
范围

为人们注入勇
气，表现出人
们一边守护着
自己最重要的
东西，一边负
重前行的那种
"包容万物的
大爱"

为服装企业 STRIPE INTERNATIONAL 的"KOE"品牌设计的系列宣传册。在设计方案之前，江口女士会听取客户的要求和想法，确认作品的表现度

＋

简明易懂的表现形式

客户建议用鸡蛋来表现主题

＋

与众不同的风格

用"赤子之心"来表现"包容万物的大爱"

＝

符合歌手本人一贯的搞怪风格的创意作品

"EGG"主题唱片套

水野学 / 用"看起来像……"的句式捕捉事物的气质与神韵

○ 相模铁路

熊本县吉祥物"酷 MA 萌"、中川政七商店及黑木本酒厂的多种人气商品都出自设计师水野学先生之手。

那么，水野先生是怎样获取灵感的呢？他说："如果说创意的源头是构思，那么构思则来源于客户需求与商品本身。构思就像是藏在石头里的璞玉，必须加工打磨才能成器。而实际上，璞玉的原石也是非常重要的。构思时一定要保持某物的原始风格。"

水野先生指出："设计就像量体裁衣，坏方案就像一件难看的衣服，会让着装者的风采大打折扣。设计师在做设计时，必须首先把握产品的'气质与神韵'——产品给人的感觉。"水野先生在与客户谈话时，多会用"这件产品看起来像……"的句式去把握产品的特征。

他说："例如，在描述一个剃光头的人时，我可以说'这人看上去像个和尚'。同理，描述产品时也要抓住它的主要特点。当然，各国文化不同，人们对同一个事物的理解也不同。但这种方法在日本还是非常有效的。"

在发掘企业或产品的亮点时，可用五种方式描述产品的气质。例如，在描述时可用"可爱""帅气""美观""有人气""出类拔萃"等词语去考察这些形容词是否与产品的特征相符。还可以对产品的神韵做出具体的描述，即"看起来像……"。例如，"看起来像本杂志""看起来像某个地方""看起来像过去的老物件""看起来像某种颜色"……水野先生说："可以从多个角度对事物进行描述，这样有利于把握事物的风格。"在与客户谈话时，水野先生总能在 10~30 秒之内就抓住客户的气质与特征。

当然，要是客户也很了解自己的产品，能够把产品的特征告诉设计师的话，那么后期工作的开展也将非常顺利。

列车的色调与横滨的味道

例如，水野先生在给神奈川县的相模铁路（下文简称相铁）做创意总监时，就用上述方法完成了"品牌设计项目"。

该项目意在通过纪念相铁创建 100 周年及通车市中心等重大历史事件，提高相铁的知名度，加速其品牌化进程。同时，铁路公司也希望通过调整站台、列车、工作服，把相铁打造成"出行首选"交通工具。

在归纳相铁的气质时，水野先生说："因为生活在铁路沿线的居民们已经习惯了相铁的存在，所以他们不会觉得相铁有什么特别之处。相铁也只能被人们描述成'风景秀丽''淳朴自然''混沌未开的处女地'等听起来很土气的交通工具。但事物的优点与缺点都是一体两面的。正因为相铁沿线尚未完全被开发出来，所以人少地多的相铁会给人一种'宜居且出行便利'的印象。"

如果把相铁比作一本杂志的话，那么瑞可利公司（Recruit Holdings）的住房信息杂志《都市生活》或者光文社的 *VERY*、NEKO 出版公司的 *HUNT* 都比较符合相铁的气质。这些杂志的读者都是那些生活在大都市，既向往现代文明又想亲近自然，对生活品质有较高追求的人。

那么，相铁看起来比较像哪个地方呢？它像整个神奈川县。一直以来，相铁就是贯穿神奈川县的中枢铁路，被称为"神中线"。

水野先生说："神奈川县最有名的城市就是横滨市。所以在给相铁做设计时，我也想过用横滨市来给全县代言。横滨市是个历史悠久、文化灿烂的现代化都市，它最能体现出相铁的特点。"

横滨市的历史可以追溯到日本开国的江户时代，自那时起，这里就是一个商船穿梭不息的港口城市。水野先生说："现代人不喜欢太前卫的东西，反而都有一种强烈的复古情节，喜欢古风新曲式的设计。"

水野先生对相铁颜色的定位是"横滨蓝"。2016 年春，铁路公司把列车的车身颜色换成了"横滨蓝"。焕然一新的相铁知名度和品牌形象都有了很大的提高。水野先生说："横滨蓝一点也不炫酷，倒是给人一种洗尽纤尘的感觉。这种感觉就是横滨的味道，也是相铁的色调。"

理性客观地看待事物

　　水野先生的设计法要求设计师必须具备理性客观地看待事物的能力。因为设计师如果太"任性",只按照自己喜欢的风格做设计的话,就不会创作出能够唤起人们共鸣的作品。因此,水野先生很注重信息的收集。他说:"拿看电视来说,我也会收看一些综艺节目或儿童节目。有时,我甚至还会去看园艺类的生活贴士节目。这些杂学可能和专业无关,但却能开阔我的视野,给我带来更多的灵感。"

　　水野先生非常看重知识的积累。他说:"其实,专业知识当然也能设计出作品,但这样设计出来的作品不接地气,不会受到人们的喜爱。设计的本质就是源于生活且高于生活的创造。"

水野学是庆应义塾大学特聘教授。1996 年毕业于多摩美术大学图像设计系。1998 年 11 月创建了 good 设计公司。熊本县吉祥物"酷 MA 萌"、中川政七商店及黑木本酒厂的多种人气商品都出自设计师水野学先生之手。此外，他还在商品策划、包装设计、智能设计、设计咨询等多个领域贡献着自己的力量

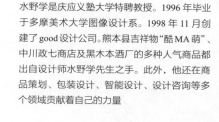

设计要看设计师的创意与
产品的气质是否合拍

"看起来像某个地方"
"看起来像过去的老物件"
"看起来像某种颜色"
……
构思可从五个
"看起来像"出发

● 水野先生的构思要点

客观地看待产品

构思源于客户需求与产品本身

水野 学
good 设计公司董事长

『抓住事物的气质与神韵，设计也要量体裁衣。』

多角度归纳产品风格

把企业气质体现在其产品上

最终的作品看着不够精美也没关系，设计重在体现产品的原始风格

●相铁电车 9000 的设计方案

1	2
把握相铁气质	相铁像哪本杂志

转化为 ⌈ 风景秀丽、
淳朴自然、
混沌未开的
处女地

《都市生活》
VERY
HUNT

新款相铁电车 9000。铁路公司把列车的车身颜色换成了"横滨蓝"。焕然一新的相铁提高了知名度，提升了自身的品牌形象

人少地多、宜居且出行便利的印象

适合人群
生活在大都市，既向往现代文明又想亲近自然，对生活品质有较高追求的人

新

旧

古风新曲式的横滨蓝

3	4	5
相铁像什么地方	相铁是什么颜色的	相铁的时代气质是什么
横滨市	横滨蓝	是一首古风新曲

横滨市是个历史悠久、文化灿烂的现代化都市，最能体现出相铁的优点

借横滨的气质打造出来的新相铁

改造前　　重建后

用横滨市给人的总体印象设计新相铁

新车站给相铁带来了新气象。图为样板站平沼桥站。黑色的站台给人一种沉稳厚重之感

用商品气质设计出的酒瓶

新　　旧

水野先生还用同样的方法设计出了图中的酒瓶。这种"看起来像……"的印象归纳法让他创作出了无数精品

太刀川英辅 / 分析产品的功能、使用场景及用户群

○ 文祥堂的"KINOWA"项目

NOSIGNER 公司代表太刀川英辅先生说:"设计的本质就是促进事物间的关联性。在掌握各部分情况的基础上,通过创建假设,用最少的'黏着剂'把各部分连接在一起。"在原型设计、平面设计和交流设计等多个领域从事设计工作的太刀川先生认为,设计会给"社会和未来带来希望"。"给社会和未来带来希望"也是他的人生理想。而太刀川先生把理想变成现实的第一步就是收集信息,并正确地理解客户需求。

他说:"设计师必须要做到想客户所想,急客户所急。务必把握客户的问题所在和当前的市场课题,从对相关人士的采访中获取对项目的全面认知。"

太刀川先生多会从以下三方面来分析问题。

1. "分析产品功能"。例如,可以分析某个模型都有哪些功能,这些功能的存在价值是什么,相互之间的关联是什么。

2. "设想使用场景"。设想产品的用途。如果不知道产品的使用环境,则设计就会缺乏针对性。因此,设计时必须要考虑产品的市场前景和消费者人群。

3. "设定用户群"。哪些人有可能成为产品的拥趸，他们会怎样使用产品，为什么要那样使用。设定消费者群体有利于设计师设想使用场景，开发出更有针对性的产品。

巧用间伐材

太刀川先生曾参与过主营办公用品的文祥堂"KINOWA"项目。

文祥堂为了纪念公司成立 100 周年，把保护森林资源、合理利用木材的"KINOWA"项目提上了日程。公司希望太刀川先生能为该项目设计出新品牌。

间伐材是为了促进森林的成长而有计划地砍伐掉的木材，它和原木有着本质的区别。为了合理利用这种木材，文祥堂请来了太刀川先生，希望他能设计出符合它们愿望的新方案。

太刀川先生首先在现场收集到了很多信息，了解到了间伐材市场和木材加工的情况。他发现间伐材的运费和加工成本都是笔不小的开销。提高产品价格就会失去市场，而把间伐材做成家具又很难让消费者认识到它的优良品质。

为此，太刀川先生特地对"家具的功能"做了分析。例如，办公桌为什么要配有一个单独的桌面？餐桌为什么要有桌子腿？最终，他认为间伐材不适合被加工成一般的桌椅板凳，而应该顺其自然地让它展现出独特的魅力，呈现出繁华落尽见真淳的美感。

『设计师必须要做到想客户所想，急客户所急。』

太刀川英辅
NOSIGNER 公司代表

● **太刀川先生的构思要点**

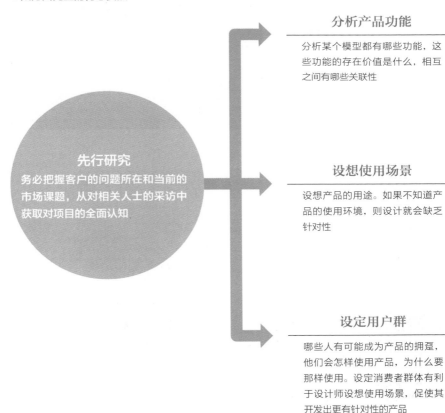

分析产品功能

分析某个模型都有哪些功能，这些功能的存在价值是什么，相互之间有哪些关联性

设想使用场景

设想产品的用途。如果不知道产品的使用环境，则设计就会缺乏针对性

设定用户群

哪些人有可能成为产品的拥趸，他们会怎样使用产品，为什么要那样使用。设定消费者群体有利于设计师设想使用场景，促使其开发出更有针对性的产品

先行研究
务必把握客户的问题所在和当前的市场课题，从对相关人士的采访中获取对项目的全面认知

用独特的分析方法做好先行研究

太刀川英辅 1981 年出生在横滨市。2006 年毕业于庆应义塾大学研究生院理科建筑专业。在"设计创造未来"这一理念的指引下，涉猎图像设计、原型设计、空间设计等各种领域。他曾荣获亚洲设计大奖、PENTAWARDS 国际包装设计大奖铂金奖、SDA 优胜奖等 50 多个奖项

在间伐材 75 毫米的边角料的缝隙中嵌入 LED 灯管，就做成了 BEAM 牌电灯。同系列共有灯长为 1830 毫米、910 毫米、455 毫米的三款灯具可供选择

木材的侧面被切出了一个便于提携的切口。除此以外，直径 260 毫米、高 450 毫米的 CHOP 圆凳再无修饰

一刀砍出来的经典之作

● "KINOWA" 项目的开发过程

提案背景

文祥堂把保护森林资源、合理利用间伐材的 "KINOWA" 项目提上了日程。它们希望太刀川先生能为这个项目设计出新的品牌

本真的加工方法让公司降低了成本

先行研究

间伐材的运费和加工成本都是笔不小的开销。提高产品价格就会失去消费者市场，而把间伐材做成家具又很难让消费者认识到它的优良品质

分析产品功能

应该顺其自然地让间伐材展现出独特的魅力，制造出繁华落尽见真淳的美感

设想使用场景

除了办公室，时尚咖啡馆也喜欢使用木质家具

设定用户群

经济环保的木质家具一定会受到思想前卫的消费者的欢迎

太刀川先生创建的假设

1. 加工间伐材要本着化繁为简的原则，让它顺其自然地展现出独特的魅力。
2. 由于制作方法简单，间伐材不必运去加工厂，只在制材所就可以完成加工。这样一来，运费和加工费就降低了

最终结果

2015 年 2 月问世的 BEAM 电灯受到了各界消费者的欢迎。文祥堂决定乘胜追击，于 2016 年 3 月发售新产品

除了办公室，时尚咖啡馆也喜欢使用木质家具。因此，太刀川先生很看好间伐材的市场前景。

太刀川先生在设定消费者群体时认为，这种经济环保的木质家具一定会受到思想前卫的消费者的欢迎。现在，对办公室环境有品质追求的企业越来越多，他们一定会喜欢这款经济环保的产品。

于是，他创建了一个假设——不必把间伐材加工成一般家具，只需利用其天然的形态，设计出风格本真的家具就好。这个方案可以降低后期的加工成本。由于制作方法简单，间伐材在制材所里就能完成加工。因此，公司可以节省运费和加工费等成本。

"BEAM"也是由该方案设计出的灯具。这款电灯的设计非常简单，只是在间伐材的木料中加了个灯管而已。使用时可以在灯具的任意一处嵌入钉子，把它钉在天棚上就可以了。这款电灯（售价 15 120 日元）问世后，受到了消费者的热烈欢迎。文祥堂的全体员工也都非常喜欢太刀川先生的创意。

今后，文祥堂还将发售用间伐材制作的圆凳 CHOP。在制作时，木料的侧面被切出了一个便于提携的切口。除此以外，圆凳再无修饰。另外，用间伐材制作的餐桌"BOARD TABILE"和"BOARD SHELF"等产品也将在近期走向市场。

清水久和 / 用 IT 技术构建超越二次元的新方案

○ 资生堂、寿工艺

　　为了让构思变得更加自由，S&O 设计公司的原型设计师清水久和先生用 IT 技术创造出了绘制草案的新方法。他在设计方案时并不在纸上打草稿，而是用 3D 工业设计软件 Alias 进行作业。他会像制作土坯一样把 3D 图像塑造成各种模型，并精益求精地修改设计方案。

　　一般来说，设计师即便在设计立体作品时也习惯先在纸上绘图。纸上的草图敲定后，设计师才会进入下一阶段的作业。因此，那些用 3D 技术做出来的设计方案其实也多源自草稿纸。

　　而清水先生是用 3D 技术来打草稿的，他把这种手法称为"连续式设计"（continuous design）。

　　"continuous"意为"连续的"，是指设计师在电脑上绘制出来的图形可以直接以成品或原型的形式创作出来。所谓的"连续"就好比皮球在受到挤压后虽然会变形，但其表面却依然完整地连在一起一样。软件 Alias 既可以满足客户需求，又能把设计师的想法直观地表现出来。它可以用一站式作业把构想变成现实。

　　现在，我们已经进入了生产工程数字化时代。清水先生认为："连续式设计是能够把新生产力发挥到极致的设计手法。"如果方案的设计全程都采用这种手法的话，那么设计师的想法就会在细节中完美地体现出来。而且，在电脑上作图也有利于后期的修改和讨论，能够提高人们的工作效率。一旦原型在生产阶段出现问题，设计师也可以直接在电脑上修改方案。

创意香水瓶

资生堂公司在认识到连续式设计的优点后，便请清水先生来帮它们设计化妆品的外包装。清水先生把这种设计手法应用在了首发于 1954 年的天然白玫瑰香水的包装瓶上，并在产品诞生 60 周年的庆典上发布。

天然白玫瑰香水自问世以来，其品质和包装多年未变。为了让老品牌焕发新光彩，清水先生在接到任务后首先去静冈县挂川市的资生堂资料馆做了调查。馆内珍藏着载有资生堂历史和商品发展史的资料。通过查阅资料，清水先生对天然白玫瑰香水有了更加准确的理解和认知。同时，资生堂也希望清水先生能够设计出一款让顾客感受到香水的清新与魅力的包装瓶。

三个月后，清水先生参照玫瑰花刺，设计出了实至名归的天然白玫瑰香水新香水瓶。

资生堂宣传设计部创新一部主任艺术总监信藤洋二先生说："清水先生在提交草案时就给我们展示了一件 3D 作品，我在看到的一瞬间就体会到了他的匠心。3D 技术可以展现瓶身材料的效果，这就是它独特的魅力与优势。"

最终，公司制作出了晶莹剔透的香水瓶。也许是香水瓶设计得太过成功的缘故，公司的技术研发部门又对香水进行了改进，使之能与精美的香水瓶相匹配。在 2015 年 11 月的展会上，这款新香水受到了前所未有的好评。

超越二次元的新方案

只有造型艺术才能开辟出新的造型之路。清水先生说："寿工艺的饮水池就是只能用 3D 技术设计出来的作品。"

寿工艺的饮水池是专门为在公园内玩耍的孩子们设计的供水设施，水池上方有三个水龙头。普通的二次元设计很难表现出水池中水流的涡旋与水池的花边。后期厂家也很难根据草图制作出模型。只有 Alias 软件才能把水池立体直观地表现出来。

为了推广这种设计手法，清水先生还特地召开了设计师研习会。在为期六天的教学计划中，清水先生阐述了 3D 技术把理想变成现实的全过程，意在让大家掌握这门新技术。

对大多数设计师来说，3D 技术不过就是二次元草稿的立体化输出。但清水先生认为，用 3D 技术来设计方案本身就是一种创新。他说："连续式设计这种手法一定能让设计师创作出更好的作品，让设计行业走向新的辉煌。"

『不打草稿，直接用 3D 软件绘图。』

清水久和是一名项目设计师、S&O DESIGN 公司代表。曾以总设计师的身份参与了佳能数码相机 "IXY Digital" 的研发工作，该作品的同系列产品夺取了世界市场占有率第一的王座。此外，他还获得过德国 iF 奖和好创意奖等众多奖项。近年来，他一直在从事限量版商品的设计创作。代表作 "镜中发" 系列在巴黎展会 "Galerie DOWNTOWN" 上一举走红。2013 年创作的 "橄榄树发饰" 等作品也在濑户国际艺术节上获得了各界人士的关注。活跃在设计界一线的清水先生也是桑泽设计研究所的客座讲师

清水久和

S&O DESIGN 公司项目设计师

● 清水先生的构思要点

不在纸上打草稿，用 3D 软件 Alias 进行作业

在电脑屏幕上把 3D 图像像制作土坯一样塑造成各种模型

创作出能够
展现设计师
思想细节的
作品

迈向超越二次元的三次元世界

本图为 Alias 截屏（提供单位：S&O DESIGN）

3D 技术能够设计出复杂的造型

1 水龙头的设计增加了孩子们结识新伙伴的机会 **2** 该作品有移步换景之妙 **3** 上图为寿工艺饮水池。它是专门为公园内口渴的孩子们设计的饮水设施。俯视这个饮水池，你会发现它的造型是水流的漩涡

由于新技术能自由地展现不同材料制作出来的香水瓶效果，所以很容易让设计师想到更多的方案

去资生堂资料馆做产品调查

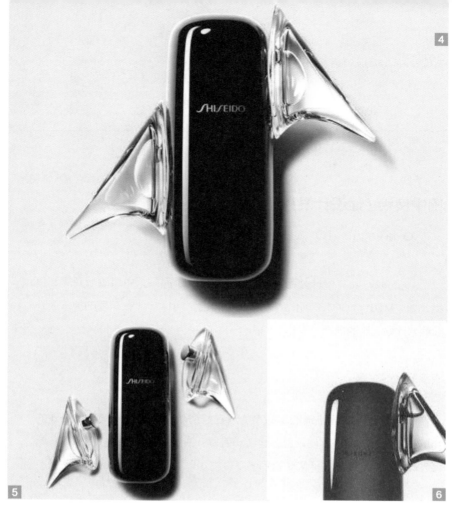

4 上图为清水先生设计的天然白玫瑰香水瓶。这款始售于 1954 年的天然白玫瑰香水的新香水瓶在其诞生 60 周年的庆典上被公布。清水先生参照玫瑰花刺，设计出了实至名归的天然白玫瑰香水新香水瓶 **5** 考虑到瓶身的质感，资生堂公司在比较过金属材料与陶瓷材料之后，把瓶身塑造得晶莹剔透 **6** 清水先生在观察过水滴凝聚在玫瑰花刺上的样态之后，用三次元手法把玫瑰花的娇艳表现了出来

●资生堂香水天然白玫瑰的包装瓶开发过程

三个月后，清水先生参照
玫瑰花刺设计出了
三次元提案

三次元的方案可以更加直观
地向人们展示瓶身
材质的效果

技术研发部门又对
香水进行了改进，
使之能与精美的香
水瓶相匹配

田中良治 / 让设计发挥最大的作用

○ la kagu、JTQ

Semitransparent 设计公司每年可设计 20~30 个网站，中川政七商店、良品计划"MUJI to GO"等网站都是它们的作品。2014 年，在东京的神乐坂开业的"la kagu"的主页也是它们的杰作。

明确网站的主题

la kagu 是隈研吾建筑的实施事务所在修缮新潮社书库的基础上修建的商场。在这栋二层的小商场里，服装、百货、家具等各类店铺应有尽有。此外，商场中还有供人们休闲集会的各类设施。

登录商场主页，点击"FASHION"图标就能进入"la kagu 总经理推荐"等链接。网站中的商品并不是按关键字进行分类的，而是按照实体店位置的排序将其排列出来的。而且，商品的宣传照也不是专业摄影师拍摄的，而是由商场内的店员们用手机拍摄的。Semitransparent 设计公司的代表说："该方案意在把各家店铺的特点在网络上展现出来。所以必须设计出便于店员们操作的系统。"

Semitransparent 设计公司在做设计时最注重倾听客户们的意见。同时，它们也会与客户交流，向他们提出"为什么要那样做""您的预期效果是什么"等问题。在理解客户的意愿后，设计师会在设计时突显主题，力争最好的效果。

Semitransparent 设计公司代表田中先生说："如果客户能说出三个意愿的话，那么我们会从中三选一找出他们最主要的目的，再把这个主要目的在网站设计中体现出来。在设计时，我们还会提出关于网站目的和制作成本的对策。钱要花在刀刃上，必须让有限的制作经费创造出最好的设计效果。"有时，即便他们没有做出网站，但在与客户交流的过程中也会让客户有所收益。例如，他们会向客户提出"提高 Facebook 的更新频度""买一个好一点的数码相机就可以了"等建议。总之，每个客户的要求与期待不同，只有满足他们的需求，设计才有意义。

用制作商品目录的费用来设计网站

Semitransparent 设计公司除了为企业做设计，还受理开发各种程序与 App 的业务。公司里共有包括田中先生在内的三名设计师和四名程序员。

la kagu 的网站是如何设计出来的呢？

田中良治先生说："很多店铺每年都要做两次商品目录。其实，制作商品目录的成本还是很高的。所以我们建议它们不如省下这笔钱开发一个网站出来。"

田中良治

Semitransparent 设计公司代表

『把握客户的主要意愿，将其设定为设计的主题。』

田中良治是一名网站设计师 / 图像设计师。1975 年出生在三重县。毕业于同志社大学工学系、岐埠县立国际信息学艺术研究所。曾参与过企业品牌策划、网站广告策划等领域的设计创作，还在国内外的美术馆和展会上展出过包括网络设计在内的各类作品。近几年，他参加了"Semitransparent 设计公司恶搞展（ggg）"和"光芒闪闪图片展"的策划活动，并于 2015 年荣获 JAGDA 新人奖

设定网站主题，确定网站设计的功能

提升功能品质

● 田中先生的构思要点

修枝剪叶，突出主题

确立主题

设定网站的主题

倾听客户心声

了解客户对内容、预算、目的等方面的想法

商场每天都会进购各种商品，为了把新产品到货的消息及时传达给消费者，开发团队必须设计出能让店员自行上传照片的操作系统。

由于网站中的相片可用图片分享软件进行更换，所以操作非常简单。店员只要用手机把商品拍摄下来，再给它加上主题标签，照片就会自动上传到网站上。

Semitransparent 设计公司还开发出了类似于宝丽来相机的自带相框效果的拍照软件供店员们使用。它们说这样做是为了方便客户们自行更新相片，及时与消费者进行互动。

在网站上创作出更多的作品

现在，la kagu 的图片分享功能已经让网购顾客超过了 6000 人。为方便店员与消费者交流互动，开发团队还创建了供买卖双方交流商品信息的平台。

此外，他们还为主营空间设计与庆典智能设计的 JTQ 公司设计出了颇具特色的网站。用户在登录网站后，可以看到公司曾经的项目，了解到公司的资质。网站还展示了 JTQ 公司的业务流程。这样的网站设计非常便于客户了解 JTQ 公司。

Semitransparent 设计公司还曾以总设计的身份参与过 2014 年在 Creation

Gallery G8 召开的"光芒闪闪图片展"。在展会上，主办方把平面设计与网络设计在同一个平台上对照着展示出来，并以此来激发人们的创作热情。

　　田中代表说："我相信，一定有能够把网络的潜力更好地开发并表现出来的设计方法。"正因为 Semitransparent 设计公司的员工们都持有这种想法，所以他们才制作出了便于人们交流互动的网站。

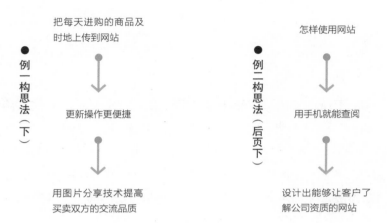

例
一
构
思
法
（
下
）

把每天进购的商品及
时地上传到网站

↓

更新操作更便捷

↓

用图片分享技术提高
买卖双方的交流品质

例
二
构
思
法
（
后
页
下
）

怎样使用网站

↓

用手机就能查阅

↓

设计出能够让客户了
解公司资质的网站

● 例一

2014 年在东京的神乐坂开业的"la kagu"的主页。Semitransparent 设计公司还开发出了类似于宝丽来相机的自带相框效果的拍照软件供店员们使用。现在，la kagu 的图片分享功能已经让顾客超过了 6000 人

用相框技术开发出的便于买卖双方互动的功能

Semitransparent 设计公司以总设计的身份参与的 2014 年在 Creation Gallery G8 召开的"光芒闪闪图片展"。图为海报（左）与会场实拍（右）。主办把图像设计与网络设计在一个平台上对照着展示出来，以此来激发人们的创作热情

● 例二

为主营空间设计与庆典智能设计的 JTQ 公司设计出的颇具特色的网站。这样设计的目的是便于客户了解公司的作品与资质

田子学 / 个性创造价值

○ 与谢野品牌战略

位于京都府北部的与谢野市，毗邻名胜天桥立，是一个约有 23 000 人的自治体小城。2015 年，当地政府推出了"与谢野城市品牌战略"，意在振兴地区产业、打造品牌城市。而该战略的总设计师正是艺术指导田子学先生。

田子先生认为："打造城市品牌并不是用某个事物来为城市做代言，而是要创造出一个能够推动城市整体向前发展的体系。"因此，设计师要设计的不是个别的产品与服务，而是要从整体上把握问题、找到解决问题的新方法，再按照计划将各个方案落实下去。

先观察，再提案

田子先生在与相关人士交流并观察了与谢野的市容市貌后确定了课题。自 2014 年 5 月起，他以艺术指导的身份对与谢野市做了多次考察。当地政府官员虽然没有向他提出具体要求，却也希望他能来这里走一走，看一看。

2014 年，年仅 32 岁的山添藤真先生当选了与谢野市的市长。这位与谢野市有史以来最年轻的市长一时间成了媒体津津乐道的话题人物。山添先生是丹后地区老牌缩缅丝织厂的山添家族的长房长孙。他曾就读于法国国立建筑大学，主攻建筑专业。正因为他拥有这样的人生阅历，所以他才希望用新手法激活与谢野市的活力。

通过交流，田子先生与当地的青年企业家建立起了深厚的友谊。通过考察，他发现这里不仅有传统的纺织业，还有用钛金属来制造机动车支架的加工业和与 JA 无关的农业。他说："很多企业家都希望能合力开创出新局面。"

同时，田子先生也注意到了地区发展的问题所在。例如，"很多店铺都不能使用信用卡，所以外国的游客都不愿意来此购物""好风景都在天桥立那边，游客不愿意来这边玩""怎样才能响应政府号召打造'海之京都'，展现地区魅力"。可见，在考察阶段不设置边边框框，从整体把握问题的方法更利于人们发现问题。

例如，政府在海边设置护栏是为了保护人民的生命财产安全。但当地人却不喜欢这些防护措施，因为它妨碍了人们拥抱自然、亲近海洋。为此，户外店商们在阿苏海上举办了皮划艇活动，让当地居民再次领略到了大海的魅力。这次活动也给大海塑造了"平易近人"的新形象，为今后旅游事业的开展打下了良好的基础。由于我们没有"先见之明"，所以不能在初始阶段就设定各种限制，否则就会降低收获新发现的概率。

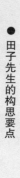

● 田子先生的构思要点

通观全局，不设限制

用开阔的视野寻找课题

考虑细节要兼顾整体

不要拘泥于个案

用统括整体的方式解决问题

发现新价值

邂逅带来新的开始

田子学是 MTDO 董事长、艺术指导 / 设计师。毕业于东京造型大学 II 类设计管理专业。曾在东芝设计中心开发出多种家电产品。此后，又担任过 amadana 公司的设计管理负责人。2008 年，他创立了 MTDO 公司，主要受理与概念形成、模型制造等项目有关的设计、指导、管理业务。2015 年，他接手了京都府与谢野市的城市品牌策划项目，担任总设计师

『设计要从全局出发，
成大事者不拘小节。』

田子学

MTDO 董事长、艺术指导／设计师

农场中试种植了一种日本国产及从英美等国进口的 28 种啤酒花。实验表明，从美引进的五个品种产量最高

试种植是农民和农业生产法人在"京都与谢野啤酒花生产者组合"的名义下以 1＋1 的形式组织实施的。田子先生也参加了收割作业

与谢野精酿啤酒业的品牌化过程

与当地政商两界人士交流意见

斗志昂扬的市民比比皆是

探寻当地特产，创造有个性的通用价值

新产业才能创造新价值

如能在市内实现啤酒生产，就可以打造出真正的地区品牌

右上／啤酒花是寒带经济作物。与谢野市是日本适合栽种啤酒花的最南端，今后有望成为产量稳定的啤酒花产地

右／啤酒花会被供应给木内酒造、京都酿造、小西酒造、SPRING VALLEY BREWERY 等四家酒厂。各家酒厂会用同一种啤酒花酿造出口味不同的啤酒

在创建了精酿啤酒业的同时，把丹后地区变成了啤酒花的产地

丰收后，大家用日本国产啤酒花酿造的啤酒举行了庆祝活动"FRESH HOP FEST"斗酒大会。共有 12 家酒厂参加了庆典，与谢野市也有两家酒厂参加了活动，展示了本地产的啤酒

图为"FRESH HOP FEST"斗酒大会上，山添市长（前排左起第二人）亲自开瓶，预祝大会取得成功

把丹后地区变成啤酒花产地

考察过后，田子先生确定了品牌战略的大方向。在兼顾传统纺织业的同时，田子先生还重点关注了越光米系列的"京豆米"。这种大米是当地农民用做豆腐的余料、鱼杂、米糠等原料育肥，精心培育的大米。日本谷物检定协会曾在"全国美食排行榜"上给这种大米先后颁发过 12 次特 A 级大奖。誉满关西的"京豆米"是丹后地区的特产，能给地区发展创造价值。

此外，田子先生还为能够创造新价值的与谢野精酿啤酒业出谋划策。啤酒花是啤酒的加分项。但日本国内的啤酒花农场都只与大型啤酒生产厂签约，不给小企业供货。所以，日本的小型啤酒厂想要谋求发展就只能依靠海外进口。其实，丹后地区的农业部门早在多年前就希望能用特色农产品来带动地区经济发展，但迫于风险高压力大，相关提案只能被雪藏。如今，这个提案被视为品牌战略的一环正式提上了日程。农场在拿到啤酒花种植许可后，于 2015 年 4 月开始了试种植。到了第二年年初，人们就看到了收益。

农场出产的啤酒花被供应给了两家啤酒酿造厂。这两家酒厂生产的啤酒在 2015 年 10 月 3 日~4 日在东京代官山举行的"FRESH HOP FEST"斗酒大会上积聚了超高的人气，并瞬间销售一空。牛刀小试让人们看到了希望。此后，啤酒花试验田被改建成了啤酒花种植基地。啤酒酿造业的繁荣也带来了新的就业机会。田子先生说："希望啤酒花这种优质的食材能进军京都的餐饮业，创造出新价值。"丹后地区一旦成为国产啤酒花的产地，其创造出的品牌价值将发挥不可估量的作用。

北川一成 / 人情练达即创意

○ SEED 的橡皮、7-ELEVEN 的贺年片

GRAPH 公司的北川一成先生提案的表现手法数不胜数。他所创作的作品有的极具艺术感，有的质朴可亲。这些作品虽然风格迥异，但其创作手法却是一致的。

北川先生喜欢观察人们的七情六欲，并将其视作创作灵感的来源。因此，他的作品表现的大多是"人情冷暖"。他并不会去关注人们在激动时大起大落的情绪，而是喜欢品味"女人怎么可以不顾颜面地大碗喝酒大口吃肉""美食连吃三天也让人想吐"等人们在生活中不经意地流露出的小情绪。

人们对事物的共鸣是衡量创意好坏与否的标准。北川先生在"察言观色"的基础上，得出了"人们的感情很丰富，具有较高的表现价值"的这一结论。他说："作为设计师，我要为自己的作品负责。所以我在提案时不会去考虑作品是否符合客户的要求，而是会与客户分享自己对事物的态度。否则，我就没法为自己的作品负责。"

提高洞察力与分析力

北川先生认为，只有勤加练习才能提高洞察人心的能力。提高能力的训练方法就是漫无目的地在街头闲逛。他说："可以随便搭乘一辆公交车，再

看心情下车。这样就能看见别样的景致。你可以把让你感到新奇的事物记录下来。它会成为你灵感的来源。"

这种不期而遇的意外之喜虽然未必符合项目的主题。但长期的素材积累一定会对提案有所帮助。

北川先生根据自己的日常积累为橡皮生产厂 SEED 设计出了橡皮包装盒。由于他的创意非常新颖，厂家于 2016 年 1 月发售了"GRAPH×SEED"系列橡皮。

北川先生在处理项目时发现了一个问题——办公室的环境已经发生了巨大的变化。但文具、复印机、传真机等办公用品却还是老样子。二者为什么会出现脱节现象？这是因为人们已经习惯了这些办公用品的存在，并不认为它们有需要改进的地方。北川先生说："人们都喜欢外包装很酷很抢眼的东西，可以根据人们的这种心理来确定设计方向。"

北川先生非常注重"灵光乍现"的瞬间。他说："我们都会有话到嘴边却说不出来，但隔一会儿又能想起来的时候。这种令人激动的感觉就是'灵光乍现'。"

北川先生希望能设计出让人眼前一亮的作品。他的作业方法非常独特。他会首先细化作业内容，再在短时间内集中思考其中的某个部分。他说："这样做是为了打破成体系的惯性思维。在有限的时间内集中思考某个问题，时间一到立即思考下一个问题。这样做会使断片式的思考和零散的信息在未来某个时段被大脑整合在一起，得出一个令人闻所未闻的新结论。每个问题可以思考 15 分钟。短时间思考能够提高人的注意力。"

找出喜欢某部作品的原因

人情练达法让北川先生不得不去思考一个哲学问题，即"人是什么"。想要把握人的本质就必须多读书。读书可以采用滥读法。进化生物学、社会神经科学、遗传学、古代史、医学、古地图、民俗学、经营学、菜谱、漫画等书籍都可以拿来翻阅。北川先生说："如果你在书店看见一本喜欢的书，可以把它买回去仔细研读。读书时需要思考一个问题，即'我为什么喜欢这本书'。"北川先生每年都会购书上百册，他的公文包里至少会有四五本书。公司里还有他的书柜，同事们都可以前来借阅。

北川先生建议，读书时可以深度挖掘自己感兴趣的问题的出处。人类进化史非常漫长，思考可以追溯到创世纪的那一天。他说："其实，日本的创世神话和其他国家的创世神话有不少相似之处，所以刨根问底是件非常有趣的事。"

7-ELEVEN 公司于 2015 年年末发行的贺年卡和 2016 年年初发行的"私藏珍品"等卡片上都印有松鹤延年及"猴子"的图样。北川先生是在阅读了古代史、考古学、遗传学等方面的书籍后，才了解到正月起源的。正月为什么值得庆祝？过年时为什么要把松枝挂在门前？在查阅资料后，北川先生把答案公布在了宣传册的图片上。

北川一成是 GRAPH 公司经理、领衔设计师。2001 年加入国际平面设计师联盟 AGI。在追求制作出"让人爱不释手的图画"的同时，他还从经营者和设计师的角度提出了"把设计变成经营资源"的主张。该主张得到了各界人士的一致赞许

『设计师要为创作出能够让人产生共鸣的作品负责。』

北川一成

GRAPH 公司经理兼艺术指导

北川先生办公室里的书柜。从古代史到机器人，各式各样的书籍应有尽有

書体字典

交流是人的本质

北川先生的构思要点

观察"人情冷暖"

思考"人类本质"

行动 1

观察并记录人们在无意识的情况下做出的行为

记录有价值的瞬间，把它发送至邮箱

注重"灵光乍现"的一瞬，可以人为地压缩作业时间。"对每个问题的思考可以限定为 15 分钟""漫无目的地在街头闲逛"

创造出话到嘴边却说不出来，但隔一会儿又想起来的灵光乍现的瞬间

行动 2

读自己喜欢的书，找出喜欢它的原因

古代史也能为设计带来灵感

深度挖掘某个自己感兴趣的部分的出处。人类的发展史非常漫长，思考可以追溯到创世纪的那一天

北川先生每年都会购买上百本书，公司里还有他的书柜，同事们都可以前来借阅

ForCOLOR
plastic   cpg_100
eraser

NonDUST
plastic
eraser
ndg_100

ForSHARP
plastic   shg_100
eraser

ForCOLOR
plastic   cpg_100
eraser

NonDUST
plastic
eraser
ndg_100

ForSHARP
plastic   shg_100
eraser

上图为"GRAPH × SEED"系列橡皮的外包装。上述为新产品发布阵容。在售出新产品的同时，公司也会继续发售老包装的产品。SEED 的玉井繁总经理对新包装充满期待地说道："如果新包装能够带来高销量，那么我们就把老包装都换成新包装。"这款系列的橡皮在日本全国的鸢书屋均有出售

展现正月风俗与传统文化的好创意

7-ELEVEN 发行的贺年卡"私藏珍品"的背面。正月为什么值得庆祝？过年时为什么要把松枝挂在门前？在查阅古代史、考古学、遗传学等方面的资料后，北川先生把答案公布在了宣传册的图片上

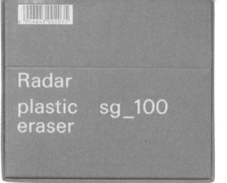

相匹配的橡皮

设计出能够与办公室环境

💡

Logo

展现着人们悲欢离合的

上图出自 NHK BS Premium 播放的纪录片《人生指南纪行：女人们的横町》。酒馆文化体现的就是人们热爱交流的本质

● SEED 橡皮的开发过程

体会用户在使用
橡皮时的心情

把电脑、手机、办公室等办公用品用简约的形式表现出来

人们对文具的理解就是"用起来顺手""方便习惯""不别扭"

　　最能体现人情变化的作品是 NHK BS Premium 于 2014 年播放的纪录片
《人生指南纪行：女人们的横町》的 Logo。这个节目以酒馆里的老板娘为题
材，向人们介绍了能够展现世间百态的日本小酒馆。北川先生从节目的策划
阶段就参与了制作，他认为"人类在进化的过程中曾经历过集体生活的阶
段。与人为善是人类的本能。酒馆是能够体现人类喜爱交流的本质的场所，
是高度文明的产物"。片中记录了不少催人泪下的故事，这些故事也让 Logo
变得更具内涵。北川先生说："人的一生就是个悲喜交加的过程。我设计的
Logo 就是该过程的高度浓缩。"

岸勇希 / 弄懂自己不理解的问题

○ 歌手 JUJU 的宣传片"PLAYBACK"

电通公司创意总监岸勇希先生曾用一种独特的手法——"交流设计法"指导过丰田汽车公司的"AQUA""MIRAI"等产品的广告策划及熊本老字号鹤屋百货店的业务创新等项目。构思时，他较为看重的是处理数据的方法。

岸先生说："必须把自己不理解的数据都列举出来。知之为知之，不知为不知。对待数据不能不懂装懂。处理数据的能力也是衡量设计师优秀与否的标准。"

岸先生曾协助电视台的企划制作部门开发出了用手机查看观众意见的互动专区。他认为，制片方和观众对问题的理解是不一样的。"哪怕只是一个小问题，别人的理解肯定也和我不一样。毕竟，有一千个读者就有一千个哈姆雷特。"

先入为主必然会影响设计师对事物的理解与判断。为了得到客观公正的结论，设计师要避免"感情用事"。

他说："不要把自己知道的那点'常识'当成真理。世界之大无奇不有，已知事实未必就是真相，谦虚好学才能让人不断地进步。"

但岸先生也不迷信数据。因为数据虽然能表现出部分事实，但在做统计时，数据肯定会人为地忽略掉被调查者的所在地、年龄等方面的差异。这样得出来的结果很难保证数据的客观性。岸先生指出："数据只能描述出一个笼统且平均的概念，不能反映个体间的差异性。所以说感性的认知是可以和理性的数据互为补充的。只有感性和理性相结合才能让人看到事实与真相。"

路漫漫其修远兮，吾将上下而求索

岸先生用独特的手法为女歌手 JUJU 的音乐作品"PLAYBACK"制作了宣传片。由于 JUJU 的粉丝都是十几岁到二十几岁的潮女，所以 38 岁的岸先生在构思时必须首先意识到自己和粉丝团的代沟问题。

岸先生说："代沟是可怕的地狱。为了跨越代沟，我必须放弃自己的三观与常识。"

为此，岸先生每天都去深受年轻人追捧的人气网站 Instagram、MERY、MixChannel 浏览一小时。一年过后，他终于理解了年轻人的所思所想，抓住了"网红电影"的特点。

他说："最初我完全不明白大家为什么会喜欢这样的东西。理解之后，我豁然开朗，自己甚至也有点喜欢上了这类作品。""网红电影"和专业电影完全是两种风格。专业电影对画质和内容有很高的要求，但网红电影着重表现的是画面和场景的切换速度，与画质并无关联。可以说，后者根本就不是用传统手法制作出来的影视作品。

此外，他还邀请了刚入职的年轻女员工参与了制作，并与她们的朋友交换了意见，问她们觉得谁来做主演比较合适。结果，岸先生发现了女观众们有注重细节和颜值的特点。

最终，岸先生不仅制作出了符合大众审美的作品，还满足了网友们的审美品位。他在理解网友们对此前视频作品的"吐槽"后，把作品雕琢得美轮美奂，受到了网友们的高度赞誉。该作品在 2015 年 6 月公映后，半年内就收获了 460 万次的点击率，成了被年轻人追捧的上乘佳作。

岸先生说："虽然我们在看问题时无法做到绝对的客观公正，但却可以努力做到不失偏颇。为了养成能够客观地看待事物的态度，我们必须勤加修炼，持之以恒。"

「鼓起勇气，挑战不可能。」

岸勇希
电通公司创意总监

● 岸先生的构思要点和对策

要点 1
不要感情用事

不要无视并否定那些自己不理解却确有其事的存在。必须承认自己不知道的世界

要点 2
不要完全相信数据

在做统计时，数据会人为地忽略掉被调查者的所在地、年龄等方面的差异，只能描述出一个笼统且平均的概念，不能反映出个体的差异性

反省并承认自己的肤浅与不足

**放弃固执与偏见，谦虚谨慎地
看待客观事实**

对策 1

虽然我们在看问题时无法做到绝对的客观公正，但却可以努力做到不失偏颇

对策 2

为了养成能够客观地看待事物的态度，我们必须勤加修炼，持之以恒

岸勇希 1977 年出生在名古屋市。他毕业于东海大学海洋学院水产系。后在早稻田大学研究生院国际信息通信研究专业进修。2004 年就职于电通公司。在公司内做过中部分社杂志部和媒体市场营销局的工作之后，于 2008 年就任现职。他的主要工作内容有产品开发、业务设计、空间与设施流程设计等业务

JUJU 宣传片的制作过程

第一步：锁定受众群体

JUJU 的粉丝都是年龄在十几岁到二十几岁的潮女，所以 38 岁的岸先生在构思时必须首先意识到自己和粉丝团的代沟问题

第二步：跨越代沟的训练

岸先生每天都去深受年轻人追捧的人气网站 Instagram、MERY、MixChannel 浏览一小时。意在理解年轻人的所思所想和"网红电影"的内涵

第三步：重视新人意见

邀请了刚入职的年轻女员工参与了制作，并与她们的朋友交换了意见，问她们觉得谁来做主演比较合适

制定了新 PV 方案

他在理解网友们对此前各种视频作品的"吐槽"之后，把作品雕琢得美轮美奂，受到了网友们的高度赞誉。该作品在 2015 年 6 月公映之后，半年内就收获了 460 万次的点击量，成了被年轻人追捧的上乘佳作

"MERY"网站上的时尚天地（图片选自同网站）

"MixChannel"的小视频专栏（图片选自同网站）

歌手 JUJU 的音乐作品"PLAYBACK"的宣传片（图片为索尼音乐提供）

吉泉聪 / 破除常规挑战权威

○ 自主研发项目

TAKT PROJECT 公司代表吉泉聪先生说："我们所谓的常识与公知其实只是被部分人的价值观洗脑的产物。"设计的本质是创新。吉泉先生就是一名能够设计出剑走偏锋的作品的鬼才设计师。他说："世上的事物已经被人们分门别类地列入了体系，想要有所突破，就必须敢于破除常规，发现新世界。"

吉泉先生常以自主研发的方式来探寻新世界。他注重日常积累，经常把平时想到的课题制作成原型。这样做有助于他在向客户提案时能够迅速地找到对策。读后感、街头见闻、与人交流时的体会等"万事万物"都是吉泉先生的灵感之源。他会把这些心得记录在电脑或手机的记事本上。

吉泉先生说："记录这些是为了树立自己的观点，只有形成自己的观点才能打破常规、有所建树。"

他还经常与同事们一起探讨自己的发现与感悟。讨论能让他的想法变得更成熟更立体。下文将用两个案例为大家介绍吉泉先生的构思要点和他所谓的"常规"，以及打破常规的方法。

打破常规商品和艺术品之间的分界线

"Dye it yourself（下文缩写为 DIY）"是用日本传统工艺草木染的方法给塑料座椅染色的创新项目。该提案的出发点就是"打破常规商品和艺术品之间的分界线"，把批量生产的塑料座椅渲染成独一无二的艺术品。可以说，该项目是将艺术品与常规商品相结合的大胆尝试。

吉泉先生说："廉价的常规商品是我们的日用必需品。但由于它们太过普通，所以不具备打动人心的魅力。"

艺术品的价值就是它的唯一性。如果把二者的特点相结合，那么有品位的消费者一定也会喜欢这样的商品。

构思时，开发团队在笔记里写下了下列观点："拒绝把常规商品与'廉价'画等号""批量生产就是复制""批量生产不应该指'物'的生产""塑料是最容易批量生产的原材料""有'塑料制品保养'这种说法吗"……上述观点都是开发团队在探索求新时的具体方法。

在确定了创新方向后，他们尝试把工业产品的代名词"塑料制品"与传统工艺的代名词"草木染"结合在一起。加湿器中的多孔悬浮球让他们找到了新灵感。多孔塑料是工地上的常见建材。有很多小孔的多孔塑料便于染色，和有田烧有相似之处。所以多孔塑料是能够打破常规商品和艺术品界线的最佳载体。

『常识其实只是部分人的价值观。』

吉泉聪
TAKT PROJECT 公司代表

吉泉聪毕业于东北大学工学部机械智能工学院。于 2013 年与其他三名原供职于 nendo 公司的同事共同创建了 TAKT PROJECT 公司。秉承 "DESIGN THINK + DO TANK" 的理念，他们用创造性思维提案并设计了各种项目。由于同事们的工作经验不同，所以他们在开发项目时能够让设计发挥最大的作用。独立思考是他们在工作时的最大特点

养成随时记录的习惯

● 吉泉先生在做记录时的要点

要点 1
为什么要做记录

日常积累的素材可以
为提案提供灵感

要点 2
做记录的目的

树立自己的观点，
打破常规

要点 3
操作方法

记录在电脑或手机的
记事本上

要点 4
笔记内容

读后感、街头见闻、
与人交流时的体会

结果与收获
与同事们一起探讨自己的发现与感悟，以便
让想法变得更成熟更立体

在 2015 年的米兰国际家具展期间，DIY 在"VENTURA LAMBRATE 2015"展会上亮相。该项目虽然是非卖品，却依然收到了卖家们的赞赏。厂家们都纷纷表示："他们在展示作品的同时，也向世人表达了他们对家具的理解。"

设计的决定因素是什么

成分"Composition"是去除了电子基盘、让电子元件凝固在导电树脂中的创意手电筒。

它的开发笔记如下："改变传统加工法""材料怎样才能变为成品""找到创新方法""家用电器是生活便利品吗""根据多样化理论，得出来的结果也应该是多种多样的"……

吉泉先生关注的是"电器的制作方法"。由于原型设计是由工艺决定的，所以什么样的工艺就会生产出什么样的产品。长期以来，手电筒的内外构造都比较单一。因为人们对它的理解已经定了型，所以再想做出突破也是很困难的。为此，吉泉先生和他的同事们决定改造手电筒，给它增加新价值。最终，他们用导电树脂代替了电子基盘，发明了新式手电筒。

这款手电筒的售价比普通电筒要高出很多。但展会上的参观者们都认为"它可以卖到 10 万 ~20 万日元"，因为该产品创造出了一般家电没有的新价值。

吉泉先生说："我们打算以限量版的方式出售这款手电筒。无法创新是因为人们已经对身边的世界习以为常。必须用新视点去审视'常识'，这样才能不断创新。我们必须具备质疑一切的精神，找到新课题，开拓新世界。"

用草木染制作的塑料座椅。该作
品的理念就是"打破常规商品和
艺术品的界线"。吉泉先生希望
用传统工艺给工业产品增添艺
术的魅力。这就是他们在质疑常
规商品和艺术品的界线后，设计
出的新作品（图片：林雅芝）

● **自主研发项目** 1： "Dye it yourself" 的构思要点

消除"内外有别"
这一观念

笔记内容

"拒绝把常规商品与'廉价'画等号""批量生产就是复制""批量生产不应该是指'物'的生
产""塑料是最容易批量生产的原材料""有'塑料制品保养'这种说法吗？"

构思出发点

1. 批量生产的常规商品和艺术品是两个对立的概念吗？
2. 廉价的常规商品是我们的日用必需品。但由于它们太过普通，所以不具备打动人心
   的魅力
3. 艺术品的价值就是它的唯一性。如果把二者的特点相结合，那么有品位的消费者一
   定也会喜欢常规商品

具体构思

1. 把工业产品的代名词"塑料制品"与传统工艺的代名词"草木染"结合在一起
2. 加湿器中的多孔悬浮球让他们找到了新的灵感
3. 有很多小孔的多孔塑料便于染色，和有田烧有相似之处。所以多孔塑料是能够打破
   常规商品和艺术品界线的最佳载体

去除了电子基盘、让电子元件凝
固在导电树脂中的创意手电筒。
电筒的风格内外如一，颇具禅
意，创造出了一般家电没有的新
价值

● **自主研发项目 2：手电筒"Composition"的构思要点**

笔记内容

"改变传统加工法""材料怎样能变成成品""找到创新
方法""家用电器是生活便利品吗""根据多样化理论，
得出来的结果也应该是多种多样的"

构思出发点

---

1. 关注"电器的制作方法"。由于原型设计是由工艺决
   定的，所以什么样的工艺就会生产出什么样的产品
2. 手电筒的内外构造较为单一是因为人们对它的理解都
   已经定型了
3. 改造手电筒，给它增加新价值

具体构思

---

1. 家用电器其实是从老物件变身过来的。例如，电饭锅
   的前身就是土锅。现代人都喜欢用土锅做饭
2. 只把电饭锅的外形改造成土锅是没有意义的。土锅的
   魅力在于其制作材料的一元化
3. 用"一元化"的理念来设计家电的话，家电也会具有
   新的价值

デザイン思考のつくりかた

04

经营者对设计思维和
企业经营的理解

我们已经在此前的章节中了解到了设计思维的意义、运用技巧和设计师的构思要点。本章将为大家介绍的是经营者对设计思维的态度和与设计师的合作经验。

设计思维的价值并不仅限于开发新产品与新服务。如果掌握真理的只是少数人，那么设计思维就不能算是在企业中真正地生根发芽了。换言之，只有让全体员工都学会用设计思维解决问题，企业才能够灵活地应对市场的各种变化。也只有这样，设计思维才能发挥出最大的作用。

我社记者采访了把设计思维设定为基本经营方针的七家企业，向它们的经营者提出了"为什么要用设计思维来指导生产实践""设计思维的评价标准是什么""与设计师合作的注意事项""怎样与设计师签约谈报酬"等问题，并以问答的形式将采访内容整理记录下来。

经营者的基本态度如下："我们并没有让设计师对项目全权负责""挑选设计师时，我们不看业绩只看能力""我们并不以最终的业绩论成败"。

可见，经营者们是在确立了自己的观点后，才用设计思维去指导实践的。他们并没有把设计的作业全权委托给设计师去处理。

本章的前半部分介绍了七家先进企业的经营案例，列举了它们看重设计思维的原因。后半部分分门别类地整理了经营者们的回答，希望他们的回答能给大家带来新的启示。

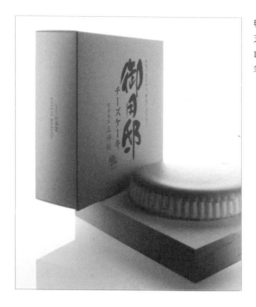

畅销 20 年的人气商品"御用邸芝士饼"。本品以产地命名。Logo"御用邸"是手冢先生的"御笔亲书"

东京都内销售的新产品"pure coco"。八木先生参与了包括包装设计在内的开发全过程

库屋 / 芝士园、御用邸品牌

_____

店铺装修后出现了哪些新变化

设计并不限于商品的外包装和店面装修

库屋的手冢清经理认为，创新并不是浮于形式的外包装改良与店面装修。他说："改革业务管理环境和人才培养环境也是创新。"

位于栃木县那须市的库屋是手冢先生于 1984 年创建的糕点生产销售公司。由于那须高原是与北海道相接的乳制品产地，所以公司的主打产品也是用奶酪和牛奶加工而成的糕点零食。

现在，公司在栃木县和东京都开设的专卖店芝士园和餐厅白鹭邸多达 10 处。招牌商品"御用邸芝士饼"年产量为 140 万枚，是来此地观光的游人必买的伴手礼。拥有员工 120 人，钟点工 110 人的库屋年利润为 31 亿日元（据 2013 年报），是一家生机勃勃的新兴企业。

2012 年，手冢先生请设计师八木保先生帮忙设计新业务。东京都的芝士园、新产品 pure coco 都是八木先生的作品。

手冢先生说："八木先生擅长做原型设计，他总是把和实物等大的原型做出来给我看。他喜欢根据自己的行动和体验来设计方案。正因如此，我才觉得他老成可靠。"可见，八木先生"实践出真知"的立场与企业理念是一致的。

八木先生不仅重新设计了商品外包装和店面风格，还在与手冢先生在达成共识的前提下改造了公司总部，让人们看到了创新成果。

公司装修的目的是为了招募到更多的人才。手冢先生说："公司的门面做得好看，就会让更多的人对它产生兴趣。办公室的装修漂亮，就会让人愿意留在这里工作。好的装修会让我们招募到更多的优秀人才。"

手冢先生还和员工们分享了他的想法，力求找到新的努力方向。为了让更多的人了解公司理念，他们还创办了向消费者和员工们宣传企业理念的杂志。

手冢先生说："要想让员工们领会我的意图，我就必须身先士卒，以身作则。"老字号的企业员工们都有共同的价值观，但新成立不久的企业却很难实现员工们精神上的大一统。

因此，手冢先生认为，只有实现了内部品牌化，公司才有可能向更高的层次迈进。这就是他的设计经营理念。

上图为公司里的概念厨房。员工们在这里进行新产品研发。朴素大
方是这间厨房的设计风格。办公室的装修风格和这里也是一样的

手冢清 1959 年出生在栃木县。1984 年 7
月创建了库屋。此前，他曾从事过泡菜
制造业，后来又转行经营乳制品零食加
工业

（摄影：丸毛透）

Bsize 公司 / 家电企业

设计最重要的环节是什么

设计就是为了明确产品存在的意义

产品的开发制造与销售都由一名员工全权负责是家电公司 Bsize 特有的经营方式。这家公司也被称为"一人制的家电公司"。大学期间主攻电子工学专业的八木启太先生是这家公司的总经理，曾开发出医疗器械的他有着丰富的工作经验。他说："我上高中时就对原型设计非常感兴趣，并立志成为制造业的一员。"但大学期间他并没有主攻原型设计专业。在他看来，美国苹果公司和英国戴森公司的产品都是技术与设计完美结合的产物，这些产品能为社会做出巨大的贡献。八木先生说："如果把原型设计当成主业，我就没法学到更多的知识了。"

因此，他将工程学作为主攻方向。通过学习，他掌握了产品开发的基本知识。又通过查阅大量的书籍和杂志学习了设计专业的知识。此外，他还经常参加各种展会和设计大赛。大量的积累与实践让他提高了自己的设计能力。

最终，八木先生得出了一个结论，即独自一人也能完成产品研发。3D打印机的出现、EMS 外包行业的兴起，都为资金不足的经营者创造出了良好的研发环境。设计师不必与企业合作也能创作出优秀的作品。因此，他于

上图为公司 2013 年发售的第二批产品——无线充电器 REST。机
体是用杉树的间伐材制作的。本品能与起居室融于一体，让手机
在不知不觉中完成充电。本品售价为 19 900 日元（含税）

2011 年创建了自己的公司 Bsize。

理念比形式更重要

　　八木先生说："设计最重要的一环就是明确产品的存在价值。"明确了产
品的存在意义自然就能设计出它的外形。他说："设计就是主观改造客观的
过程。先确立理念，再给理念赋予形态。反复修改与精心打磨一定能让我们
得到最完美的结果。"

例如，公司在 2011 年发售了 LED 台灯 "STROKE"。它存在的意义就是"发出最适于阅读的灯光"。这种灯光要映射出物体最纯正的颜色，要有护眼功能，光线不能刺眼。但现实中所有的灯都是需要电源的，所以设计时必须设定灯的尺寸大小，而且也不能把它做得太过花哨。

八木先生说："我想通过提供最好的产品，向消费者献上我最诚挚的敬意。我们开发产品的初衷就是为消费者提供最好的生活。每次做设计时，我们都会对方案反复推敲。正确的方案意味着高额的利润。高收益会为我们下一阶段的新产品开发提供资金上的保障。"事实证明，八木先生的想法是正确的，所以他们又于 2015 年末发售了第三批产品。

八木启太是 Bsize 公司的代表、设计工程师。1983 年生人。曾在大阪大学主攻电子工学专业。硕士毕业后，就职于富士 FILM，从事医疗器械研发等工作。2011年，他以设计工程师的身份创立了家电品牌 Bsize

（摄影：西田香织）

图为用无缝技术加工出来的 R 形灯管。管身经喷
涂、改进才最终定型

（摄影：西田香织）

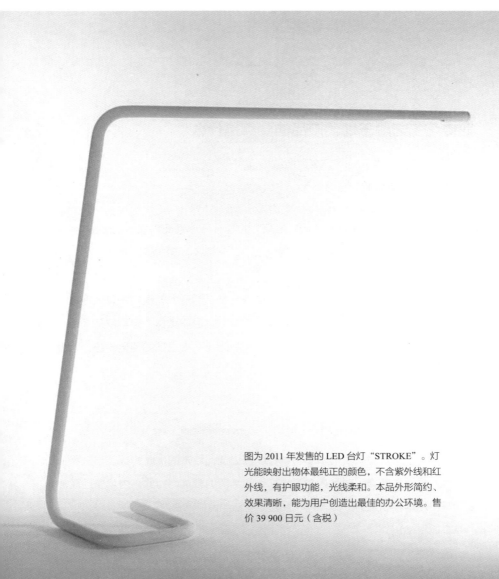

图为 2011 年发售的 LED 台灯 "STROKE"。灯光能映射出物体最纯正的颜色，不含紫外线和红外线，有护眼功能，光线柔和。本品外形简约、效果清晰，能为用户创造出最佳的办公环境。售价 39 900 日元（含税）

内藤 / 沙滩鞋 JoJo

把传统工艺融于现代产品的要点是什么

创造价值就是反其道而行之

京都祇园的日式拖鞋专卖店"内藤"的第五任总经理内藤诚治先生说："在开发 JoJo 沙滩鞋之前，我一直都很想设计出一款不同寻常的沙滩鞋。"

创建于明治时代的内藤鞋店本着"量身定做"的理念，仅向下单人提供草鞋定制服务。该店草鞋虽然价格不菲，但由于其品质优良、穿着舒适，来下单订制的顾客络绎不绝。目前，这家百年老店正在考虑该如何用传统工艺制作批量生产的廉价沙滩鞋。

"背水一战"的觉悟

内藤总经理决意开发沾水不湿、可以穿去任何地方的优质好鞋。与外界设计师共同开发新产品对老店来说也是一次全新的尝试。为此，内藤总经理必须掌握用橡胶制鞋的方法，并联系到愿意与他合作的生产厂家。

改革创新必须有"背水一战"的觉悟。

内藤总经理为了制作出合脚的沙滩鞋首先测定了脚趾的形状，确定了屐带的位置，又用纸黏土做了个原型。他请专业设计师设计鞋面，又用软木制作了鞋底。他说："防水软木是制作鞋底的传统工艺。"

只有开发不同寻常的产品才能发现自身优势，形成独特的风格。新沙滩鞋轻便美观，和店内的其他草鞋摆在一起也不会有格格不入之感。

这款每双售价 23 000 日元的沙滩鞋既是日本传统美与现代工艺相结合的产物，也是充满创意的个性产品。

内藤总经理说："这次开发是我们把传统审美和现代工艺融合在一起的大胆尝试。最终，我们设计出了蕴含着日本传统审美元素的和风沙滩鞋。"

然而，内藤总经理并没有乘胜追击扩大生产。他认为："新鞋的诞生是传统草鞋走投无路的产物。而走投无路下的背水一战也是历任总经理的口头禅。"

自发售之日起，这款新鞋在伊势丹新宿店及巴黎、纽约等各处海外展会上频频亮相，在洛杉矶的精品店、Maxfield 店均有出售。

在这款沙滩鞋问世之前，内藤鞋店还是传统保守式的经营方式。随着新鞋的诞生，内藤鞋店也以更加积极的姿态走向了世界，走上了一条光明而富有挑战性的新路。

上图为防水的软木制作的鞋底。软木是高级草鞋的原材料。鞋底四周的胶皮使用
的是制作轮胎的 SBR 材质。沙滩鞋的灵感源自手机套

图为内藤鞋店实拍。由于该店只接订单，所以访问必须提前预约。店内的草鞋都
是样品。JoJo 是该店制造的首款融入现代工艺的沙滩鞋

内藤诚治：内藤鞋店的第五任总经理，具有工匠精神的职业达人

SNOWPEAK/ 独特的户外用品

消费者会买什么样的产品

会买开发者自己都想买的产品

　　SNOWPEAK 公司的总部位于新潟县三条市风景秀丽的山区，其占地面积约五万平方米。公司的经营理念是"在露营地里开设公司"。实际上，公司总部的旁边确实有一大片可供人们亲近自然的露营地。山井太总经理说："我们是生产户外用品的公司，我们注重与消费者交流互动。"为了了解消费者心声，1998 年后，公司每年都会举行露营活动。不过，受季节所限，公司每年仅能召开九次露营活动。露营活动既能让公司与消费者进行交流，又能让消费者了解到公司的经营方式。山井总经理说："品牌就是把公司理念以可视化的形式展现出来。这也是公司总部的重要职责。"

在草场上搞研发

　　公司是 2011 年搬迁到露营地来的。公司当年的年销售额为 30 亿日元，而高达 17 亿日元的搬迁费约占总销售额的一半还要多。可事实证明高成本确实让它们获得了高收益。搬迁之前，公司的年利润增幅为 7%。而搬迁后的三年内，公司的利润增幅高达 20%。业绩的提高和经营环境的改善有着密不可分的关系。山井总经理说："露营爱好者的人数虽然比 10 年前减少了 30%，但 2007 年后，最初一批露营团家庭的孩子们也长大成人，成了新一

SNOWPEAK 公司的总部位于风景秀丽的山区，周边是可供人们露营
的草场，员工们可以在露营活动中与用户交换意见

代的露营爱好者。这就给市场的扩大带来了希望。所以，我们趁机加大了投
资力度。"

如果没有热心的消费者的支持，没有员工们甘于奉献的精神和不生产出
优质产品誓不罢休的决心，公司就没有今天。山井总经理本人也是个年均露
营 30~60 次的露营爱好者。他会结合自身经验去思考露营时的必需品都有什

么。试制原型开发出来之后，他会去做第一个吃螃蟹的人。他从用户的角度出发，精益求精地改良对消费者有帮助的产品。

　　公司里有很多畅销 15 年以上的商品。迄今为止，还没有哪个产品遭遇过下架的命运。山井总经理说："只改变产品的外观还不能算是真正的创新。与时俱进的思想对产品品质的提升是非常重要的。只有不断地提高产品品质，公司才有发展成长寿企业的可能。我们是一家以兴趣爱好为事业的公司。因为热爱，所以创新。"

山井太 1959 年出生在新潟县三条市。毕业于明治大学，拥有在外企工作的经验。1986 年，他加入了父亲创建的公司，从事户外用品开发工作，打造出了众多知名品牌。1996 年升任总经理，把公司更名为 SNOWPEAK。左图中的椅子是畅销 25 年的 "FD 户外 RD"（售价 6800 日元，不含税）

（摄影：增井友和）

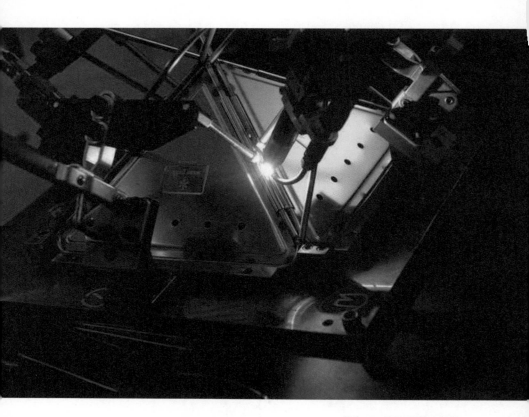

图为 1996 年发售的人气灶台。这款灶台不会烤焦地面的草木（共有 S、M、L 三类，L 号售价为 15 600 日元，不含税）。公司会委托拥有先进技术的燕三条加工厂协作生产。本品为公司自主研发

图为 2014 年出品的露营用帐篷。本品操作简单、
实用性强。售价为 123 000 日元（不含税）

春华堂 /nicoe 甜点商场与甜点大作战

如何才能在创新时做到继往开来

请外界设计师来设计新招牌商品

近期，新东名高速公路的开通让位于静冈县滨松市内陆的滨北区成了人们关注的焦点。2014 年 7 月，位于该地区的甜点商场 nicoe 正式开业了。商场内到处都是由设计师精心打造的各色甜点。

由 30 名设计师共同打造的 nicoe 是一处向人们展现甜点魅力的体验型秀场。它的营业时间为早九点半到晚十点。早晨，老年人会来此购物。晚上，这里又变成了情侣们的约会圣地。

耗资 31 亿日元建造的 nicoe 甜点商场的出资人是以生产鳗鱼派而闻名于世的糕点企业春华堂。创建于 1887 年的春华堂于 1961 年向世人奉上了美味可口的鳗鱼派。目前，这款日产量 20 万件的零食依旧是享誉日本的人气商品。

31 亿日元相当于春华堂年利润的一半以上。它们不惜重金倾力打造 nicoe 是为了将其建设成一处旅游胜地，继而开发出更多的招牌商品。为此，公司请来了设计界的各路精英，希望借助设计师的力量来达成愿望。而本次开发的重点并不是沿袭传统，而是继往开来地开辟出一片新天地。

图为铃木康弘先生设计的讲述春华堂历史的
"小人书"。春华堂的经营理念也被印在了
糕点的外包装上。这种风格独特的包装纸由
福永纸工厂生产

现年 68 岁的第三代总经
理山崎弘泰（右）。在第
二代总经理开发出鳗鱼派
病倒以后，山崎总经理临
危受命，为公司的发展做
出了巨大贡献。他身边的
是年仅 40 岁的即将继任
的第四代总经理山崎贵
裕。他曾在东京人形卸问
屋学过传统美学

（摄影：神吉弘邦）

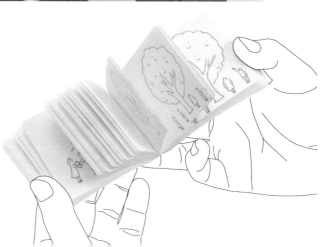

2014 年 7 月位于滨松市的甜点商场 nicoe 开业了。商场内配有店内用餐设施和开放式厨房的"甜点社区"

图为以"食育"和"职育"为主题的 nicoe。这座商场拥有儿童乐园"游戏广场 082"和由建筑师谷尻诚先生设计的巨型迷宫"旋转森林"。Logo 为 Tycoon Graphics 设计制作

专卖店 coneri 中不同于鳗
鱼派的爽脆可口的新产品。
右图为摄影师市桥织江先
生拍摄的产品宣传角

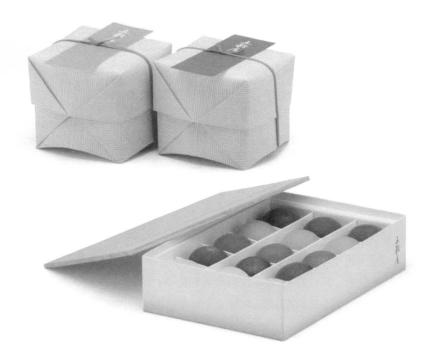

以"五谷""发酵""时鲜"
为主题的点心铺"五谷屋"。
店内装修是由永山佑子女
士负责设计的。商品包装
是由 graf 和公司内部设计
师共同设计的

　　春华堂于 2005 年创建的能够展现工匠精神的"鳗鱼派 FACTORY"也是
一家年访客量多达 62 万人次的旺铺。目前，春华堂最大的问题就是鳗鱼派
卖得太多了，其销售量占销售总量的 90%。山崎泰宏总经理说："糕点首先
要做到'好吃'。但除了好吃再无长处的糕点是没有未来的。"

　　为了提升产品的附加值，春华堂向设计师发起了求助。公司共有七名设
计师，他们在公司工作的年限都不是很长。在打造 nicoe 甜点商场时，经营
者既不关注既有产品的改良，也不关注 Logo 的创新，而是请外界设计师来
帮忙设计全新的商品秀场。

　　即将接任公司第四代总经理的山崎贵裕先生在 2010 年拿到政府的建筑
用地批文后，就致力于 nicoe 甜点商场的建设。他说："我要赋予设计师和我
同样的权力，让他们在 nicoe 的建设中发挥出最大的作用。"

　　山崎总经理非常慎重地思考了每个提案的理由，并对设计师发现问题解
决问题的能力给予了高度期待。

创新与圈粉

　　公司推出了两款决定春华堂未来走向的新产品：一款是用新设计诠释传
统糕点的"五谷屋"；另一款是有别于鳗鱼派的系列商品"coneri"。这两款
产品均出自外援设计师之手。

山崎总经理说："鳗鱼派是我们智慧与经验的结晶，经典必须要传承。但社会在发展，时代在变化，只注重保留传统就会落后于时代。在创新时，不必刻意区分糕点的种类。要把创新重点放在融合性强的产品上。"因此，设计师们就创作出了能够引领企业发展走向的新产品。新产品一经上市就得到了消费者的认可与支持。

GLM/ZZ

设计思维对于技术型企业的意义是什么

好创意可以让企业筹集到资金

坐落于古城京都的 GLM 是一家创建于 2010 年的风险企业。该公司的主打产品是不需要引擎和汽油就能发动的电动汽车。

该公司限售 99 台，拥有 305 匹超大马力的电动超级跑车（Tommykaira ZZ）问世于 2013 年。尽管这款跑车售价高达 840 万日元，却在上市的第一天就被抢购一空。2014 年 7 月至 2015 年底，公司完成了 99 台跑车的交车任务。

这款用流线型的车身来展现跑车的超大马力和速度的电动汽车是于 2003 年倒闭的富田汽车制造公司生产的 Tommykaira zz 跑车的翻版。从 1995 年出厂到 1999 年停工，原来一共出产了 206 台的 Tommykaira zz 又在 21 世纪以电动汽车之名重生了。

倾力打造的国产跑车

为了开发电动跑车，GLM 的创始人小间裕康先生报考了京都大学的研究生院。在学期间，他主修商务专业。创业后，他邀请到了很多有志于开发电动跑车的设计师。其中不少设计师就是原 Tommykaira zz 的主创设计者。此外，他还拜访了富田汽车制造公司的创始人富田义一先生。经过谈判，二人对品牌、外观设计的使用权达成了共识。小间先生还聘请了富田先生出任 GLM 的经理，并以认股权的形式向他支付报酬。

此外，GLM 还继承了各项技术等大量的无形资产。它们学会了如何用大型汽车生产厂制造的零件拼装自己的汽车；如何把加工作业委托给非汽车加工厂，从而降低成本；以及如何获取车牌号等许多风险企业在加入汽车行业时必备的知识。这些知识让它们在选择试生产和批量生产的合作伙伴时受益匪浅。

小间代表回顾道："最初，我们不知道找谁来帮我们制作试制原型，即便对方提供了报价，我们也依然举棋不定。"

GLM 不仅制造出了电动跑车，还把跑车的发动机和电池等组件的模数计算了出来，以电动汽车平台为中心开展工作。此外，它们还提出了打造电动汽车平台、把车身制造和电动汽车平台相结合、实现产销一条龙的服务构想。

电动汽车平台不仅能设置电动跑车的基本性能，还能设定车体的硬度和刚性。也就是说，公司仅用该平台就能保证跑车的安全性。电动汽车平台还大大地提高了外观设计的自由度。它的出现也让一次性生产 100 台跑车成为了可能。小间先生说："玻璃纤维增强塑料车体造价为3000万~4000万日元，即便是限量生产公司也能收获到高额利润。"

电动汽车平台由三个模块构成，只要改变其中的一个模块就能改变跑车的整体框架。Tommykaira zz 虽然只有两个座位，但由于 GLM 获得了车体改造的特许权，所以这款电动跑车可以通过改变配置来增加座位和乘车人数。

致力于外观设计

GLM 在跑车的外观设计上曾投入过大笔的资金。2010 年，它们在发表处女作时筹集到了两亿日元，给它们投资的是索尼公司的前会长出井伸之先生和 Glico 营养食品公司的前会长江崎正道先生。

2013 年，该跑车漂亮的外形吸引了人们的眼球。因此，那些对跑车寄予厚望的专业投资家又给跑车投资了六亿日元。这两次投资一共让它们筹集到了八亿日元。

是精美的外观设计让这款电动跑车筹集到了资金，在日本国内打出了知名度。第一代电动跑车是在 GLM 的平台上直接加上使用汽油的 Tommykaira zz 的外壳制造出来的。后来，GLM 的员工们在法律允许的条件下改造了车头和车门形状，生产出了第二代跑车。不过，小间先生希望能够制作出更具魅力的跑车，所以员工们又对跑车进行了大改良，推出了第三代跑车。

　　小间先生说："外观设计会影响汽车维修。漂亮的外形会让更多的投资者和消费者关注我们的跑车。由于跑车的制造过程非常透明，所以相关人士很容易就能了解到生产的进程。透明化的作业会给人带来一种安全感。"

　　没有漂亮的外观，就没有这款电动跑车喜人的业绩。可见，对重视技术的风险企业来说，不断地改进产品外观是多么重要。

● 以电动汽车平台为中心的 GLM 业务图

1 电动汽车平台搭配各种机罩盖销售

2 仅限电动汽车平台的销售

3 车体和电动汽车平台相结合实现产销一条龙服务

包含设计费用在内，玻璃纤维增强塑料车体造价
为 3000 万~4000 万日元

2010 年	4 月	GLM 成立
	6 月	继承 Tommykaira zz 的品牌和外观设计
	8 月	试制电动版 Tommykaira zz，发售（第一代跑车）
	10 月	筹集到了第一笔投资（约两亿日元）
2012 年	10 月	在法律的允许范围内，推出了第二代跑车
2013 年	4 月	推出了第三代跑车（常规模型）
	5 月	Tommykaira zz 开始接受订单
	11 月	筹集到了第二笔投资（约六亿日元）
2014 年	7 月	开始向车主交车

漂亮的外观设计让跑车开发筹集到了很多资金

第一代跑车

第二代跑车

小间裕康生于 1977 年。毕业于京都大学研究生院经营管理教育部（MBA）。2000 年设立了 koma 公司。2010 年创建了 GLM 公司

YO-HO 酿造公司 / 月面画报及其他

如何让地方企业脱颖而出

向消费者提供快乐

　　YO-HO 酿造公司的井手直行总经理说："我们并没有把同行视作竞争对手。"

　　2014 年，该厂与罗森、亚马逊等企业签约后，在两周之内就卖掉了三个月的库存，积聚了超高的人气。由于它们的生产设备难以应对急速增长的市场需求，同年 9 月，它们又和麒麟啤酒签订了生产委托合同。目前，该厂已经变身为令人瞩目的新兴企业。

　　井手总经理认为："我们向消费者出售的不是啤酒，是快乐。"他并没有把企业定义为一般的啤酒生产厂，而是以设计主题公园的文娱企业为竞争对手，更加注重与顾客交流互动。

　　2014 年 11 月，在限量版啤酒"月面画报"的亚马逊日本独家专卖记者招待会上，井手总经理角色扮演（cosplay）啤酒瓶上的"迷之生物"出席了发布会。他的这身行头给人们留下了深刻的印象。此后，它们在媒体和社交网站上开展了为卡通形象征名的活动。一时间，月面画报啤酒成了人们的热议话题。

　　井手总经理的角色扮演服装是公司不可或缺的宣传工具。他认为："我们没有足够的资金来大力推广我们的产品，所以必须在产品的娱乐性上下功夫。"井手总经理也正是用角色扮演的形式来展现企业风采，给消费者带来快乐的。东京和长野的办公室里都备有为总经理制作"奇装异服"的缝纫机。井手总经理会穿着这些奇装异服亮相各种场所，把快乐带给大家。

啤酒瓶上的快乐

　　井手总经理对工作的热情也感染了每一个员工。例如，10 月 28 日罗森店里发售的限量版啤酒"与君共饮"的那一夜，市场营销部决定让全体员工去东京都内的 23 个区同时开启"寻找"啤酒瓶上的"青蛙"的创意活动。该消息在社交网站上发布后，立即得到了全国粉丝的热烈响应。人们都在询问自己所在的城市是否有出售这款啤酒。粉丝们的口耳相传立即让新产品在日本名声大噪。

　　井手总经理对员工们训示道："日本的饮食制造业在加工产品时总是追求极致的口感与品质。但如果食品或饮品只有'好吃'或'好喝'等特点，那么生产就容易走向极端。"

食品産業新聞社
8回 食品産業技術功労賞祝賀パーティー

2014 年 11 月，在限量版啤酒 "月面画报" 的亚马逊日本独家专卖记者招待会上，井手总经理角色扮演印在啤酒瓶上的 "迷之生物" 出席了发布会。公司的办公室里备有为总经理制作 "奇装异服" 的缝纫机。井手总经理会穿着这些奇装异服亮相各种场所，把快乐带给大家

YO-HO 酿造公司和亚马逊日本共同开发的手工酿造啤酒 "月面画报"。本品仅以网购的形式在亚马逊日本官网出售。八罐装每箱 2695 日元（含税，下文同）。24 罐装每箱 6912 日元。

　　因此，井手总经理希望改良啤酒瓶的设计，增加产品的娱乐性。如何为商品命名、平面设计的主题是什么，在了解消费者心理的基础上，他们针对目标消费者群体做出了有效设计。另外，为产品做宣传、办活动等问题也都让大家费尽了心机。

　　啤酒瓶是向消费者提供快乐的载体。瓶身的设计与创意会给消费者带来快乐与感动。这就是井手总经理的创意经营法。

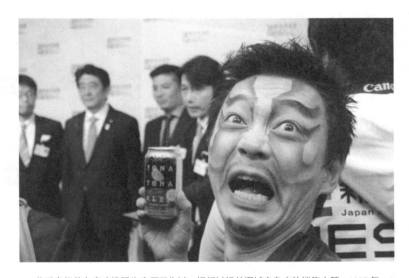

井手直行曾在音响机器生产厂工作过，担任过轻井泽城市杂志的销售主管。1997 年转入 YO-HO 酿造工作。从 2008 年开始担任公司总经理。他用独特的市场营销战略和设计管理等方法让公司的收益连续九年保持增长

かえる
捕獲 大作戦
2014. 10. 28

"寻找"啤酒瓶上的青蛙的创意活动的当晚，社交网站上的粉丝们都纷纷响应。粉丝们的口耳相传立即让新产品在日本名声大噪

图为与罗森共同开发的面向 20～30 岁消费者的手工啤酒"与君共饮"。10 月 28 日起在全国的罗森卖点均有出售。每瓶 350ml，售价 288 日元

デザイン
思考の
つくりかた

05

倡导设计经营理念是为了
让经营者身先士卒

怎样才能把设计思维根植于企业经营的土壤中？怎样才能开展以设计为中心的经营管理？为了解答这些问题，本社记者对前文出现的七位经营者做了专题采访。经营者的回答不仅可以让我们了解他们在实践中遇到的问题和解决方法，还会对有志于推行设计经营理念的企业有所启发。

我社记者的采访问题共有七个。在问及"您为什么会把设计应用于企业的经营管理"时，经营者指出：把设计应用于经营管理并不单纯是为了提高业绩，而是将其视作一种与顾客和员工交流的方法与手段。再如，针对"怎样判断设计师是否符合用人标准"这一问题，他们多会回答"这要看设计师能否理解我们的想法"。他们并不看重设计师过去的成绩，而是希望设计师能够以总指挥的身份推进项目的进展。

此外，他们还会根据产品的特征和与设计师间的互信度来确定设计师的酬劳形式。经营者在与设计师合作时，二者既是协同作战的伙伴关系也是两个能够独立思考的个体。

经营者必须提高自己对设计的理解与认知

经营者在回答"如何评价设计是否成功"这一问题时，都纷纷表示"我们并不完全以销量论成败，要看产品能否体现出企业的经营理念"。对于"设计的应用范围"这一问题，他们认为除了给产品设计外包装，还可以设计店面、办公室等各种企业设施。统一的设计理念一定会创造出能够把企业理念传达给消费者的产品。现在，很多经营者都希望借助社交网络来推广产品。

最后，我社记者还询问了他们对"设计经营课题"的理解，他们说："我们的目的是把自己的想法传达给公司的员工。"可见，办公室装修也是经营者向员工传达经营理念的一种方式。一些经营者也开始通过自行分析流行元素和包装背景来提升自己的设计品位，思考流行文化表象背后的深层次原因。

为什么要把设计应用于企业的经营管理

经营者并不只是想用设计来改良商品的外包装，而是希望能用这种方式与消费者和客户做深入的交流、提高员工们的工作积极性。为了让设计与创意在企业生根发芽，经营者应身先士卒，积极地参与到设计过程中来。

产品的存在价值是什么？答案就是设计。

Bsize 八木启太总经理

不仅要改良产品的包装与店面风格，还要创造出有利于提高员工们工作积极性的工作环境，这才是企业经营的起点。

库屋手冢清代表

设计给了企业与世界对话的契机。

内藤鞋店内藤诚治总经理

　　很多人都认为设计的意义在于后期收益。但先进企业的经营者看重的却是设计为企业创造的品牌形象。另外，设计还能促进企业与消费者和客户间的深入交流、提高员工们的工作积极性。

　　YO-HO 酿造公司的井手直行总经理说："日本的食品行业向来注重质量方面的竞争，我们公司却注重设计。我们希望能够在保证品质的同时，开发出新产品，改变大家对啤酒的理解。此外，我们还希望通过与消费者交流，让他们感受到啤酒给生活带来的乐趣。这就是我们的设计初衷，同样，它也给我们带来了可观的收益。"

　　春华堂的山崎弘泰总经理说："设计不仅要提高糕点的口感，还要提高它的价值。拿 nicoe 甜点商场来说，它就是一个用充满创意的设计来展现糕点魅力的商业设施。"

　　提到设计，人们首先想到的是为产品命名和设计精美的包装。但实际上，设计还能协助企业举办各种活动、促进企业与消费者在网络上的互动，这些活动也能给消费者带来愉快的体验。

　　内藤鞋店的内藤诚治总经理说："我设计沙滩鞋并不是为了在传统草鞋中加入现代元素。但从结果来看，沙滩鞋确实让现代人认识到了传统美的精神。"

经营者必须自行确定设计理念

设计的应用范畴可分为对外和对内两部分。对外是指与客户和消费者的交流，对内是指经营者向员工们传达设计的理念。

库屋的手冢清先生说："人们都较为看重第一印象，相信眼见为实。所以人们非常容易被环境影响。对顾客来说，环境就是商品与店面装修。对员工来说，环境就是办公室和生产现场。想提高公司业绩，必须先创造出良好的工作环境。否则，企业就不会有进步。而企业经营也是为了创造出更好的生产消费环境。"

所有的经营者都必须重视企业与产品的理念。没有明确的理念就没有精准的设计。而且，企业理念的创立者不是设计师，而是经营者。

Bsize 八木启太总经理说："经营判断的重点是产品的存在价值。只有明确了产品的存在价值，设计才能发挥出最佳功效。"

经营者虽然不是专业的设计师，却能把握企业理念这个大方向。由于企业理念事关重大，所以经营者必须对其进行深刻地思考和精准地定位。

设计师的评价标准是什么

评价一个设计师是否称职，就要看他能否准确地理解经营者的想法。优秀的设计师应在理解经营者想法的基础上，将其想法更形象具体地表现出来。而设计师过去的成绩并不能作为评价其素质的标准。

设计师应该像老主顾一样，对产品设计精益求精。

SNOWPEAK 户外用品公司山井太总经理

能用低成本创造出高收益的设计师才是好设计师。

GLM 小间裕康代表

设计师应该在理解我的想法的基础上提出更好的建议。

库屋手冢清代表

设计是企业的灵魂。能否准确地理解经营者的意图是评价设计师优劣的标准。过去的成绩并不重要，设计师必须在理解经营者意图的基础上提出比经营者更高明的构想。

库屋的手冢清代表说："优秀的设计师必须能理解我们的目的和立场。此外，他还要能够和我交换意见。我从事的是食品加工业，所以我希望设计师也能喜欢美食，对食物的品质与口感有独到的见解。在请设计师帮忙时，我并不关心他过去的成绩。"

春华堂的山崎弘泰总经理说："设计师要比我更聪明，能将他提出来的想法变成现实。我希望设计师敢于突破常规，大胆创新。"

此外，设计师必须要清楚成本对于方案的重要性。如果成本过高，再好的方案也会无从落实。设计师必须把握好设计与经营判断之间的关系。

GLM 的小间裕康代表说："要打破便宜没好货这一定论。能用低成本创造出高收益的设计师才是好设计师。现在，很多汽车的共用部件在大型汽车生产厂都能生产，能够合理利用这一资源的设计师才是好设计师。用其他汽车的零件重组成新车的设计才是好设计。"

YO-HO 酿造的井手直行总经理说："设计师与我的默契度决定了设计的成败。只有长期交往才会形成彼此间的默契。"

井手总经理希望设计师能够敢于尝试、设计出不同寻常的啤酒瓶。他认为啤酒瓶也能表现娱乐精神。不过，现实往往不尽如人意。有的方案最初感觉很好，但试制原型出来之后却没有惊艳的效果。他说："在找到合适的设计师之前，我必须不断地进行试错实验，淘汰掉不适合的合作伙伴。"

设计师应该有老主顾般犀利的眼光

山井太总经理说："设计师不仅要有创造力，还要像老主顾一样对产品具有犀利而独到的见解。"由于他的公司只起用内部设计师做方案，所以评价设计师优劣的标准就是看方案能否原原本本地把经营理念体现出来。

设计师在他的公司入职后，都必须先去工厂参加实习。如果产品有 20 个零件，那么设计师就必须走访 20 个加工厂，学习与材料和加工有关的知识。实习会让他们了解到部件的功能，有助于他们开发出新的部件。山井总经理说："外界的设计师很难在短期内理解这些行业知识，所以我们只能自行培养人才。"

如何与设计师签约谈报酬

经营者可以以产品自身特性或与设计师之间的信任度为依据与设计师签约谈报酬。可以把初期投资中的部分资金作为报酬支付给设计师，也可以根据销售额以著作权的形式向设计师支付报酬，还可以根据项目的进展阶段向设计师分期支付报酬。

先根据设计师的实际工作量支付报酬。后期可以参考销售量与之签约。

内藤鞋店内藤诚治总经理

　　虽说向设计师支付的报酬会成为初期开发的负担，但随着后期销售额的增长，这笔设计经费就成了有价值的前期投资。

YO-HO 酿造井手直行总经理

　　最初，我也觉得设计费太多了。但后期收益让我明白了什么叫"一分钱一分货"。

春华堂山崎弘泰总经理

　　怎样与设计师签约谈报酬是令经营者们头疼的问题。我社记者通过采访得出的结论是：产品自身的特性或经营者与设计师之间的信任度都可以被视为雇佣双方签约谈报酬的依据。由于产品设计没有"行价"，所以设计费也要视情况而定。有时，经营者也会用相对较少的费用聘请到专业设计师。

　　针对这一问题，经营者们的回答大体可以分为三类：即可以把初期投资中的部分资金作为报酬支付给设计师；也可以根据销售额以著作权的形式向设计师支付报酬；还可以根据项目的进展阶段向设计师分期支付报酬。支付方式多种多样，但最重要的还是要看经营者能否认可支付这笔费用。

　　拿春华堂的 nicoe 甜点商场来说，它的总工费就包括了设计费。也就是说，设计费被看成了初期投资的一部分。山崎贵裕副总经理说："最初，我也觉得设计费太多了。但后期收益让我明白了什么叫'一分钱一分货'。所以，我把这笔钱理解成了聘请高人的求贤费。"

库屋的手冢清代表说："设计费没有固定的标准，必须要和设计师建立起互信关系。设计费也是由具体工作决定的。"

因为 YO-HO 酿造公司的啤酒瓶和宣传册设计需要经常更新，所以它们也必须与设计师频繁签约。井手直行总经理说："和我们合作的设计师已经为我们服务 10 年了，我们支付给他每件作品的设计费用基本都是一致的。最初，设计费确实会成为公司的负担，但新产品带来的利润非常可观，所以总体的性价比还是蛮高的。"

费用和设计师对工作的兴趣有关吗

沙滩鞋 JoJo 的总开发费用为 500 万日元，其中，设计费为几十万日元。此外，每售出一双鞋，内藤总经理都会以著作权的方式支付给设计师相关费用。内藤总经理说："我会和设计师提前谈好报酬，预算不是利润，如果设计师对新产品开发有兴趣的话，我才会邀请他来参与合作。"

GLM 会根据模块、制品等具体的项目进程和设计师签约。具体方法如下：首先，公司会告知设计师企业的理念，其次说明对细节设计的构想。设计师会根据公司的要求来改进提案。设计费也是视具体情况而定的。小间裕康代表说："与其说是设计费，倒不如把它看成具体的模块设计费和造型费。"车体的着色可根据工程师的想法而定，这部分是公司自行处理的。

井手总经理说："在与设计师长期相处的过程中，我明白了他们为什么主张修改费用需要另算的要求。因为作业量越大，设计就越困难，所以费用也就应该随之增高。"在与设计师合作时，经营者必须具备一双火眼金睛。

与设计师合作时的注意事项

经营者不可以把新产品开发全权委托给设计师去处理，必须先告知设计师自己的想法和理念，再请设计师把理念变成现实。合作的原则为：君子之交，和而不群。

只要双方建立起互信关系，就不必经常会晤。合作重在和而不群。

库屋手冢清代表

应把收集到的精准信息交给设计师去处理。

YO-HO 酿造井手直行总经理

让设计师和我同心同德。

内藤鞋店内藤诚治总经理

与设计师合作时，经营者不可以把新产品开发全权委托给设计师去处理。经营者应做好前期的信息收集工作，向设计师提出自己开发项目的理念。这样做有利于设计师做出符合经营者构想的提案和产品。

内藤诚治总经理说："在与设计师合作时，我先用纸黏土做出了屐带，之后才让设计师以此为原型进行设计。这样设计师就会理解我的想法，制作出令人满意的作品。"

nicoe 甜点商场也是社内外设计师合作而成的佳作。来自 TRANSIT GENERAL OFFICE、大林组、丹青社等公司的设计师和 coneri、永山佑子女士协同作战，完成了商场和商品的全方位设计。设计组每周要开好几次研究会，每月例会次数达 10 次以上。

明确职权范围

井手直行总经理说："经营者应把自行收集到的精准信息交给设计师去处理。"

在开发新产品时，YO-HO 酿造公司的员工们首先会去做市场调查，了解啤酒对于年轻人的意义。如果啤酒的消费主力军是中老年人，那员工们就会去思考该用什么样的方法拿下这块市场。总之，在锁定消费者人群之前，他们都没有联系设计师。在做前期准备时，公司每周都会对商品设计召开一次例会，每次会议时间为两小时。会议时间太长并不利于大家集思广益。包括视频会议在内，公司每周一共会召开 2~3 次集会。

在此期间，员工们会对消费者人群做出具体的思考。例如，"老家在东北，现在在东京工作的外地人""对高大上的商品不来电的年轻人""喜欢卡通姆明（Moomin）的人"……先锁定消费者人群，再去思考商品名和外包装。等这些问题都敲定后，才可以与设计师详谈。

可见，经营者与设计师在合作时是有明确的分工的。分工明确可以节省设计成本。相反，如果不能率先确定项目开发的大方向，那么后期的设计费用就会增加。过高的成本也会影响经营者的判断。库屋的手冢清代表说："因为我与设计师建立了互信关系，所以每年大约会与设计师会晤 10 次。双方心有灵犀则不必频频会面。我们的合作原则是：君子之交，和而不群。"

如何评价设计的优劣

一件好作品是可以把经营者的理念准确地传达给消费者的。当然，好设计也会带来高收益。但作品的好坏与设计师的名气并没有关系。

大家都说好才是真的好。

GLM 小间裕康代表

顾客的笑容就是评价设计优劣的最高标准。

库屋手冢清代表

能把公司的理念传达给消费者的设计就是好设计。

Bsize 八木启太总经理

判断设计优劣与否的一个重要参数就是销售额。对经营者来说，这是最直接的判断方法。

春华堂的山崎弘泰总经理说："nicoe 甜点商场自开业以来，四个月的客流量就达到了 22 万人次。而且，商场本身也成了人们关注的焦点。它的出现为公司的经营做出了巨大的贡献。可以说前期的设计是非常成功的。"

YO-HO 酿造公司的井手直行总经理说："设计费是固定的，而销售额会越来越高，所以在设计上做投资是非常划算的。"

此外，也有些经营者不以成败论英雄，他们更注重设计能否把企业的理念准确地传达给消费者。销售额当然很重要，但过于看重销售额就会把数字变成衡量设计优劣的唯一标准。其实，设计也可以被视为促进企业与消费者交流的手段。

Bsize 的八木启太总经理说："设计是我们与顾客交流的手段。例如，我们对生活方式和文化现象有自己的看法，但这种看法会不会得到顾客的认可却是个未知数。只有优秀的设计才能让我们与顾客交流互动、互换意见。"

库屋的手冢清代表说："虽然我们也关注销售额，但顾客对我们的产品露出满意笑容的一瞬间才是对我们的最高评价。设计的优劣是由消费者的反馈决定的。"

GLM 的小间裕康代表说："设计与构思的优劣无法量化评定。我公司最大的优点就是能够为设计师提供自由发挥才干的空间。这个优势既让我们生产出了不落俗套的跑车，也诠释了小规模生产同样能够盈利的风险企业的特征。"

怎样评判设计师

优秀的设计师可以理解经营者的理念和想法。

内藤诚治总经理说："最开始，我并不太相信设计师。我觉得没有必要迷信大牌设计师。结识设计师的顺序应该是首先看好某件作品，其次再根据作品去按图索骥。我把设计工作交给了和我有一样观点的设计师去做。"

在评价设计师时，既要看他的作品能否体现经营者的想法，也要看他与经营者之间结成的互信关系。对企业理念有深刻理解的设计师一定能设计出令人满意的产品，该产品也一定会让设计师获得企业的认可与高度评价。可以说，经营者在决定与设计师合作的那一刻，就能够对他的作品做出合理的判断了。

设计可以在哪些领域应用

企业的经营领域和产品种类是广泛而多样的。但企业的资金却是有限的。如何才能合理确定设计的应用范围，把好钢用在刀刃上呢？经营者们都认为只有把设计应用在经营的主干上，商品、店面、办公室等方方面面才能受到设计的润泽。否则，设计将不被视为有效设计。

设计之于企业，正如呼吸之于人，是极其自然而重要的存在。

SNOWPEAK 户外用品公司山井太总经理

除了给产品命名、包装，网络上的宣传设计也是非常有意义的。

YO-HO 酿造公司井手直行总经理

从开发甜点到店面装修都需要优秀的设计做支撑。

春华堂山崎弘泰总经理

设计的应用范围是企业的重大课题。为了有效利用资金，必须锁定设计的应用范围。这是大多数经营者都具备的常识。

不过，在先进的经营者看来，除了包装、店面设计，设计还可以应用到更广泛的领域中去。

　　库屋的手冢清代表说："我是从全局出发来看待设计的。所以，在我的公司里，设计被应用到经营、商品等各种领域。现在，设计正在为公司体制的改革贡献着力量。我们也在收集信息，调用人力物力，为创造适应未来发展的新型企业而努力。"除了产品设计，他把顾客的购物环境和员工的办公环境也看作设计的应用范围，切实地让设计发挥出了最大的功效。

　　春华堂的山崎弘泰总经理说："2015 年是鳗鱼派 FACTROY 创立的第 10 个年头。在此之际，我们新建了 nicoe 甜点商场，希望能够以此为契机统筹公司内部的设计管理、升级产品设计。今年我们虽然完成了装修及建筑外观的设计，但距离从糕点到店面的整体重建这个目标还有一段很长的路要走。至于能否收回成本，那就要看后期的经营战略了。"

　　如果说设计是企业与消费者交流的手段，那么媒体和社交网络也应该被视作设计的可应用范围。

　　井手总经理说："设计不仅能够命名产品、改良外包装，还可以在网络世界大放异彩。社交网站及其他网站的运作、记者招待会等交际活动都可以成为设计师大展拳脚的舞台。"目前，YO-HO 酿造尚未正式实施网络设计项目，现有的网络设计都是公司员工自行创作的。井手总经理说："随着公司的发展，与外界互动相关的设计必须要委托给外界专业的设计师才行。"

让设计在企业里生根发芽

SNOWPEAK 户外用品公司的山井太总经理说："设计之于企业，正如呼吸之于人，是极其自然而重要的存在。"

该公司的商品都是极具人气的长寿商品，除了畅销 25 年的野营座椅，其他产品也都有长达 15 年的畅销史。它们的产品不迎合潮流，却因为细节设计精湛而能够经得起时间的考验。山井总经理说："我们不生产昙花一现的产品，只想通过努力来诠释经久耐用的含义。"

设计经营的课题是什么

是让员工理解经营者的意图。如果员工不理解经营者的想法，就无法与经营者同心同德。另外，经营者也必须提升自己对设计的理解与认知。因此，具有谦虚好学的态度是非常必要的。

经营者要经常学习和设计有关的知识，必须活到老学到老。

YO-HO 酿造井手直行总经理

尊重员工的意见，看他们想和什么样的设计师合作。

春华堂山崎弘泰总经理

让全体员工都能理解我的想法。

库屋手冢清代表

企业在实践中会遇到哪些困难？遇到困难又该怎样克服？一般来说，改革肯定会遭到保守派的反对。但我社记者采访的这七家企业却没有出现这样的问题。

这些企业之所以能"逢凶化吉"，是因为经营者注重与员工的沟通。只有员工们都提高了认识，理解了经营者的想法，公司才能上下一心共同前进。

库屋的手冢清代表说："其实我们公司里也有部分人不能理解设计经营的重要性，所以与这样的人的沟通是非常必要的。"

设计经营理念必须深入地推广开来。如果只做表面文章，员工们就会反对创新，新理念的推广也会变成一场试错实验。

库屋的总经理说："在前途未卜的情况下做决定确实困难。但我们必须为自己最终的选择负责。而做选择做判断的根据就是过往经验。"

只有员工们的思想觉悟提高了，才会为公司发展献计献策，促使设计经营向好的方向发展。

春华堂的山崎弘泰总经理说："在创建甜点商场时，领导们都非常尊重员工的意见，选择与员工们喜欢的设计师合作。'顺应民意'是让公司取得长足发展的原因。"

经营者必须提高自身的设计修养

　　YO-HO 酿造公司的井手直行总经理认识到了经营者对设计的理解对于企业经营的重要意义，并为提高自身的设计修养而努力。他说："如果街上的广告牌吸引了我的注意力，我就会去思考它让我感兴趣的原因。"

　　井手总经理指出："在'风吹豆腐达人 Jonny'和'有点辣又不是很辣的微辣辣油'问世时，我认真思考过它们受消费者欢迎的原因。我得出的结论是：'业界首创''独一无二''耳目一新'等特征是它们抢占广大消费者市场的主要原因。所以我在开发自己的产品时也会注意这些问题。"

　　上述经营者在做设计时并没有把相关工作全权委托给设计师，他们也想自力更生地开发出创意不输给设计师的产品。当然，如果没有优秀的设计师做领路人，经营者们就不会产生这样的觉悟。

访谈：只有勇于创新的企业才有未来

美国的 Adobe 公司与斯巴鲁公司于 2014 年 5 月对企业的创造力和业绩的增幅关系做了一次统计调查。调查结果表明，越是敢于创新的企业，业绩就越好。我社记者采访了本次调查的负责人吉姆·杰拉尔德先生，听取了他对调查研究的看法。

日经设计记者（下文缩写为 ND）：请先给我们介绍一下调查结果。

吉姆：一直以来，我们都在强调创造力对于企业的重要意义。在调查了美日两国 300 多家大型企业后，我们发现企业的创造力与其业绩有着深刻的关联。80％创造力高的企业的业绩都比之前一年同期增长了 10％。

创造力与创造性是很抽象的概念。为了让评价标准更客观，我们向企业的经营者提出了"你能不畏风险勇敢挑战吗""你们的企业具有能让员工畅所欲言的环境吗"等问题。81％创造力高的企业都具有明确的目标；75％的企业确立了评估方案的新方法；77％的企业加大了对新企划案投入的预算。企业必须通过培养和训练才能提高员工们的创造力。另外，为了创造利于员工们畅所欲言的工作环境，经营者必须把提高创造力确定为企业的目标，并为创造出良好的工作环境而加大资金的投入。越是自由的企业，员工对企业的忠诚度就越高。员工工作热情的提高也有助于良好职场环境的形成。

ND：经营者自身应该注意哪些问题？

吉姆：很多经营者虽然也知道提高创造力的意义十分重大，但一考虑到成本，他们就退缩了。

很多欧美企业都十分注重对员工做有创意的思维训练。一些企业还会提出加大对设计部门的投入预算、通过提高对创造力的重视程度来改变员工对经营模式的意见。企业想完成转型就必须采用新方法，而研究新方法的过程是需要资金的。而且，调整业务、购买生产工具也是需要资金的。有的企业还设置了 CDO、CCO 等专属部门，以便提高员工们对创造力的重视和理解。

ND：很多经营者都惧怕承担风险吧？

吉姆：很多企业的经营者都表示："我们重视创造力，所以愿意冒险、敢于面对失败、坚决不从众。"当然，他们在改革时的态度也是非常谨慎的。经营者的思考方式决定了他能承担多大的风险。越是勇于创新的企业就越能先人一步地生产出新商品，抢占市场先机，形成良性循环。为了能把风险控制到最低，就必须注意理解消费者需求。只要能向消费者提供新的体验，就能源源不断地创造出新的价值，从竞争中脱颖而出。

"创造力带来的收益不可估量。
工欲善其事，必先利其器。"

美国 Adobe 公司数码媒体创新组负责人
吉姆·杰拉尔德先生

后

记

　　我社记者在去现场采访时总能遇到基层志愿者组织。这些志愿者除了要完成日常工作，还要做有针对性的市场调研。在召开数次研习会之后，他们会试制出原型，并全力以赴地投入到新产品开发工作中去。有时，他们还会在双休日加班加点地从事研发工作。他们的动力之源是什么？是什么提升了他们的思想境界？

　　在研习会现场，记者看到了志愿者们生龙活虎充满干劲的样子。大家热情地发表着自己对方案的看法，兴奋地向同事们展示着自己的作品。总之，他们很享受开发的过程，是以娱乐的精神在推动着研发工作向前发展。快乐才是志愿者们搞研发的动力之源，是让设计思维在企业生根发芽的根源。

　　此外，设计思维还能为企业培养人才，辅助企业创造出利于创新的工作环境。经营者在推广设计思维时，不要只培养个别研发部门的员工，要让全体员工都能体验到学习新知识的快乐。只有上下一心的企业才能成为充满活力的有机体。

　　即便在短期内看不到成果也不必灰心。因为设计思维会改变员工们的精神面貌，改善工作环境。长此以往，员工们就会感受到思考的快乐，开发出能够带给消费者全新体验的人气产品。只有这样做才能拯救企业，让企业拥有广阔的未来。总之，想开发新市场就必须先从企业改革做起，而企业改革的根本是人才的培养。经营者必须认识到设计思维对企业发展和人才培养的重要意义。

　　最后，感谢各家企业为我们的采访所提供的帮助与支持。

日经设计编辑部

译者后记

　　这是我翻译的匠心设计系列书籍的其中一本。实话实说，在翻译时，我对该系列的行文感受如下：1. 与日本企业的新产品、新服务有关的词太多，需要查阅的材料的工作量也大量地增加。2. 原文的文风过于简练，上下两句间存在跳跃性太大的问题。如果在翻译时完全按照原文直译，那么读者在后期阅读过程中就会有前后文不连贯之感。原文句子之间缺乏承接或转折等关联性，这给我的翻译工作增加了难度。3. 插图繁多，对配图文字的翻译也要注意把原文中省略的主语加进来。基于上述原因，我在翻译完第一本书之后，并不想接手这本书，因为翻译难度确实很大，我前后足足修改了五遍才最终定稿。然而，这本书我又不得不接，因为己所不欲勿施于人。

　　在翻译这本书的同时，我也对"以人为本"这个理念再次做出了反省与思考。我在上一本书的后记中曾经指出过，"以人为本"这个理念早已有之。在古时候，这种思想就是孟子的"民本说"，即"民贵君轻"思想。而到了唐朝，李世民也用舟与水的关系来比喻政权和人民的关系。凡是对社会的进步有推动作用的改革，其出发点都是为了满足百姓需求的。无论时代如何发展，人们的观念发生了怎样的变化，"以人为本"的理念永远不会过时。我们只有时刻牢记自己的服务对象以及他们的需求，才能找到工作的前进方向，在改进过程中从服务对象的意见与心声中汲取源源不断的力量。

　　简单点说，"以人为本"就是换位思考的服务意识，或者说是"人人为我，我为人人"的精神。这种精神的本质是利他主义，是一种关心别人帮助别人的素质与美德。它并不能被高科技所取代。

由于时间仓促，译者水平有限，译文也会存在瑕疵，欢迎大家指正，提出宝贵意见。你们的支持与指正也是我前进的动力与方向。感谢您的阅读，希望本书能为你的工作注入动力，提供参考。

袁光